U0898688

FOCUS | Use Different Ways of Seeing the World for Success and Influence

聚焦

Heidi Grant Halvorson & E. Tory Higgins

〔美国〕海蒂·格兰特·霍尔沃森　E. 托里·希金斯 著

张金凤 译

译林出版社

对本书的赞誉

对领导者和管理人员来说，这是一本必读书。它好比是人类进化论中缺失的那一环或者语言翻译理论中的罗塞塔石碑。

——肯·谢尔顿，《领袖风范》杂志编辑

本书是一本既引人入胜又颇为实用的指南，让广大读者得以接触动机科学研究领域的最新思想，提出了令人惊讶的洞见与有效处理工作和生活问题的方法。对许多自认为了解动机科学的人来说，这本书会令他们大开眼界。

——沃尔特·米歇尔，原美国心理学协会主席

我们如何鼓动他人，促成变化？在这本令人大开眼界的书里，社会心理学家海蒂·格兰特·霍尔沃森和托里·希金斯为我们奉献了一整套如何鼓动自己与你手下人的工具箱。

——惠特尼·约翰逊，《哈佛商业评论》撰稿人、《敢，梦，做：如果你敢于做梦，神奇的事情会发生》一书作者

本书能够让我们领略动机科学领域的主要思想，清晰而又引

人入胜。本书由世界上此领域最顶尖的专家之一托里·希金斯和海蒂·格兰特·霍尔沃森所著，为我们提供了高倍数的透视镜，可以了解如何同朋友、老板、同事和配偶等融洽相处。读完此书，你的人际关系状况会大为改观。

——巴里·施瓦茨，《选择的矛盾》和《实用的智慧》作者（与肯尼斯·夏普合著）

为什么有些人能够实现目标，有些人却不能？为什么有些产品畅销，有些产品却无人问津？本书以一种既深思熟虑、高度实用又引人入胜的方式回答了这些问题。任何一个对说服和鼓动感兴趣的人都很有必要阅读此书。

——詹妮弗·阿科尔，斯坦福大学营销学教授、《蜻蜓效应》作者

这本了不起的书让枯燥的科学原理读起来趣味盎然，提出了有力的观点，其基于大量证据的研究告诉我们如何优化聚焦模式。书中的许多真知灼见给我们以灵感，教我们将这种智慧应用于生活中。

——布莱恩·约翰逊，“热忱”优质生活学院创立者和CEO

本书非常精彩。成功与动机学的两位卓越学者——海蒂·格兰特·霍尔沃森和托里·希金斯精诚合作，为我们奉上了一份大礼：论述清晰、文笔巧妙而又轻松有趣的阅读体验，每个人都非常关心的话题——我们的思维、选择和行动背后的动机。阅读此书绝

对会令人如痴如醉。我从中学到的东西比以往很长一段时间里学到的都要多，你也将是这样的。书中充满了令人耳目一新的洞见、带有启示意义的例证、实用的建议和实证的研究。书中提出了动机问题的新视角，这些知识适用于各类人员：经理、家长、教师、教练、学生、研究人员、作家……甚至电影迷和想入非非者。买这本书吧，掌握这个看待生活、工作、家庭和集体的新视角。这本书的确有这么好。

——吉姆·库兹，畅销书《领袖的挑战》合著者、
圣克拉拉大学立威商学院院长

献给我们的家庭成员，无论过去的，还是现在的，因为你们塑造了我们看待世界与待人接物的方式；献给我们动机科学研究中心这个大家庭的成员们，与你们一同工作是那么幸运，那么快乐。

目　录

第二部分　动机匹配

引　言

哥伦比亚大学动机科学研究中心的每周例会总是既有益又有趣，这倒不仅仅因为我们的研究课题（为什么人们会这么做某事）比其他课题（如精算会计学的发展）更有趣。我们位于地下的会议室里放着一张长条桌，桌子四周摆满椅子，桌子上经常放着各种纸张、饮料和快餐。黑板上潦草地画着一些图表或图形（有些图表我们已经讨论了好几个月了）。每周，某个勇敢的人要向大家报告自己的工作，提出难题，倾听大家的反馈……七嘴八舌的反馈里，有时是褒奖的，有时是批评的，但经常都是幽默的。

我们中心的每个人都有点小怪癖，诸如说话（冗长）的习惯，或者穿衣（不太讲究）的习惯，等等，但是，涉及工作，我们可以清晰地分为两大阵营。（实际上，在地球上的每个工作场合、每个教室或者每个群体中，大多数人总能归于这两大阵营之一。）要阐明这两个阵营之间的区别，我们最好列举我们最有趣（又最固执）的两个同事的例子。为了保护无辜（我们自己），我们暂且称呼这两个同事为乔和雷吧。

尽管乔自己（和我们）愿意称之为“怀疑论者”，但其实乔是那种人们可能会称之为“难相处”的人。在他面前，你很难说完一句完整的话，因为他总是不断地打断你，告诉你从一开始你就是错的。他的外表和衣着均无可挑剔，他的言辞精准犀利，他从不犹豫或拖拉。从本质上说，他是悲观主义者（后文将提到的那种防御性的），如果你告诉他事情将会很顺利，他准会因为你莽撞幼稚的态度而焦躁不安。

讲到这里，乔看起来似乎是个烦人的同事，不可否认，他有时候确实很烦人。但是，一旦你了解了他，就很容易明白他为什么会那样做：他决心永不出错。实际上，甚至连犯错的想法都会令他不安。（我们有没有提到他大多数时间都有点焦虑？确实如此。）因此，他的工作通常是无懈可击的：论点清晰，论据充实详尽，数据精确，甚至会令精算会计师暗自钦佩。如果他批评我们的工作，也是诚心要帮助我们避免错误。他的建议不见得总是那么顺耳，但是，如果听了他的建议，我们总会获益良多。

雷与乔大相径庭。我们不敢肯定雷是否曾经真正地担心过什么事情。他和乔一样聪明，干事业的动力也一样，但是，在处理工作（和生活）时，他是那么乐观，令我们不得不羡慕。他不在细节上花大功夫，只关心“下一个更大的好点子”。但是，有时候，这种轻松的做法会带来麻烦，比如，因为总是丢三落四，他不得不在每一件物品上标上“如有拾到，请给雷打电话：555-8797”。每个二年级的博士生在给导师做研究报告时，都会制作精美而详细的幻灯片，可是雷的陈述却只有区区两张标题幻灯片，再加上一张便纸贴。（顺便说一下，虽然在形式上不敢恭维，在思想方面，他的陈述却是今年最具创新性的。）

雷的工作极具创新性。他从不惧怕尝试新事物，不惧怕学术上的冒险，当然，有时候他的想法也会将他带入死胡同，浪费了时间。至于外表方面呢？嗯，乔有一次在实验室会议上评论说，雷的衬衫皱得看起来像是在裤兜里装了一上午。在保持个人形象方面，雷确实不在行。

从表面上看，乔和雷都是才华横溢、勤奋努力的人，他俩的目标也一致：成为优秀的科学家。当你试图影响他人，无论你是心理学家、经理、营销人员、教师，还是家长，你首先要弄清楚那个人想要什么，然后尝试理解和推测他的行为。可是，如果乔和雷想要同样的事物，为什么他们追求这一事物的方式却如此不同？

我们都知道，人们总想要好的东西（好产品、好主意、好经验），同时避免坏的东西。如果我们只需了解人们的这一动机，并且动机真的这么简单，那么，对心理学家（或经理、营销人员、教师，或家长）来说，事情就容易多了。可是，事实并非如此。要想了解乔和雷，或者说，想要了解整个人类，我们必须首先明白希金斯二十多年前的一个发现：存在两种完全不同的好（与坏）。

两种好（与坏）：积极与预防

像雷那样的人，如那首老歌所唱的那样，“强调正面”。他们的目标是“增益”或者“增长”，也就是说，他们聚焦于成功后将得到的一切，诸如利益或报酬。他们力争“有赛必赢”。如果人们追求的是这种“好”，我们就称之为积极聚焦型的人。我们的实验室（和其他许多实验室）研究发现，积极聚焦型的人在乐观前景和表扬的刺激下表现最为优秀，他们更敢于冒险和抓住机遇，也更富于创新精神。但可惜的是，这些冒险与积极思维也会让他们更加容易犯错，考虑问题不够周全，而且，一旦事情不顺，他们通常并没有设计替代计划。对于积极聚焦型的人来说，真正的“坏”是“不增益”：未抓住机会，未获得回报，未得以提升。他们宁肯对机会说“是！”，然后失败，也不愿意让机会溜走。

像乔那样的人，则将目标确立为“尽职尽责，保证安全”。他们考虑的是，如果不够努力，他们将会失去什么。他们不是“有赛必赢”，而是“尽量不输”。他们最想要的是安全感。如果人们追求的是这种“好”，我们就称之为预防聚焦型的人。我们的研究发现，预防聚焦型的人更容易受到批评或可能的失败的驱动（比如，如果他们工作不够努力），而不容易受到掌声或乐观前景的刺激。预防聚焦型的人通常更加保守，不愿意冒险，但是，他们的工作精确而彻底，面面俱到。当然，过分谨慎也可能会将进步和创新消灭在萌芽之中。对于预防聚焦型的人来说，最大的“坏”是那个未能阻止的“损失”：犯的错误，受到的惩罚，未能避免的危险。他们宁肯对机会说“不！”，也不愿意陷入麻烦。第一个说出“认识的魔鬼总比陌生的魔鬼要好”的人，肯定会得到乔等人的赞许。

在过去二十多年里，动机科学研究中心（下文简称研究中心）和世界上许多其他实验室的成员们，一直在努力工作，探索我们生活中方方面面的积极聚焦和预防聚焦行为。我们发现，虽然每个人都既有积极聚焦的一面，也有预防聚焦的一面，但是，大多数人会采取其中之一作为主导性的聚焦模式，以应对生活中大多数的挑战和需求。同时，我们还发现，聚焦方式会随着情境不同而改变：有些人在工作中是积极聚焦型的，但在面对孩子时，又变成预防聚焦型的。在排队买彩票时，每个人都是积极聚焦型的，可是在排队打流感疫苗时，大家又都变成预防聚焦型的。

在上述发现之后，大量研究都表明，你所追求的“好”会影响你的一切，如你关注的东西，你珍视的东西，你选择的策略（对你来说管用的策略），你成功或失败后的感受，等等；也会影响你的强势与弱点，包括职业生涯和私人生活方面的强弱势；会影响你管理手下员工的方式，你教育孩子的方式（以及，你配偶的决定和偏好为什么显得那么奇怪，等等）。毫不夸张地说，你的聚焦方式影响你的一切。

本书的第一部分重点介绍积极聚焦和预防聚焦的性质，以及它们各自如何发挥作用，读完之后，你将会以一种全新的方式理解你自己和你周围的人们。你会觉得有些事更容易理解了。你最终会明白，为什么大局和细节是那么难以兼顾，为什么夫妻俩之中“冲动的”那个不是家里会算账的那个人，为什么你会低估完成某事所需的时间或者高估某事的困难度，为什么与你不同的人会显得那么奇怪。你会理解你所做的选择、你的经历，为什么你会更钟爱某品牌的产品。你将能够运用你所学的这些知识，来增加自己的幸福指数，提高人生的功效。

增强你的影响力

如果你的工作会影响他人，或者说，你每天工作的一大部分都涉及教育、劝说和鼓动他人，那么，了解积极聚焦与预防聚焦就更加有必要。（影响力的这一定义不仅适用于营销人员、经理和宣传者，也适用于教师、教练和家长。想想看，其实，我们大多数人都在以某种方式从事着影响他人的工作，除非你生活在某个孤岛上，那样的话，你就只能试试用这本书来打开椰子壳了。）

产品、活动和想法都适用于积极聚焦或预防聚焦理论，这取决于它们聚焦的是哪一种“好”或“坏”。有些非常明显，如安全带、家庭安全系统和乳腺拍片的目的主要是为了避免损失（预防聚焦），而度假小屋、彩票和除皱手术则是为了某种潜在的利益（积极聚焦）。还有些产品既能满足提升的需求，又能满足预防的需求，这取决于你如何谈论它们。比如牙膏，如果你说牙膏能带给你“洁白的笑容”和“清新的口气”，那么它就是积极聚焦产品；如果你说它“能够避免牙洞和牙龈炎”，那么它就是预防聚焦产品了。

如本书第二部分所指出的，你可以学会你试图施加影响的那个人的“动机语言”。当你能够以自己的语言（或他本人的经历）来适应他的聚焦点，即他所追求的那种“好”，他就会感觉“对劲儿”，我们称之为动机“匹配”。从过去十多年的研究结果来看，这种匹配能够提升信任度，增进双方的接触，增加价值。相反，不相匹配的信息或经历则令人感到“不对劲儿”，双方不能达成共鸣（令人惋惜的是，这种情况太平常不过了）。为了理解这一点，我们举“安全性行为”这个例子吧。通过这一例子，我们能够更好地理解何时使用安全套是“匹配 / 合适”的，何时是“不匹配 / 不合适”的。

安全套的例子

有这样一个矛盾现象：经济不景气时，人们由于个人财务方面的焦虑而导致性生活减少，但是安全套的销量反而上升。这一矛盾现象并非你想的那么简单。确实，经济不景气时，人们倾向于少生孩子，怕增加负担。可是，如果仅仅是为了避免怀孕这个理由就能够让人们使用安全套的话，那么，在经济景气时期，安全套的使用应该会更加频繁才对。

我们再次回到了动机匹配的问题。在好日子里，性生活仅仅关乎乐趣。（至少，应该如此。）使用安全套是"不匹配 / 不合适"的（并非双关语），因为使用安全套不会增加乐趣，只是增加了安全性。你会看到，对一种聚焦方式起作用的方法通常完全不适用于另一种聚焦方式。所以，如果你正在犹豫是否需要使用安全套，那么，安全套就不适用于你的聚焦方式；如果你使用的话，就会觉得"不对劲儿"。

当然，除非是在坏日子里。如果经济不景气，你每天都会非常焦虑，这种焦虑的情绪会影响到你的性生活。虽然性本身仍旧是关乎乐趣，可是，经济不景气时的生活本身却更多关乎安全和保障。安全套就是实现这些目标的好方法，与人们的总体侧重点比较匹配，使用安全套就感觉"对劲儿"了。

非常实用的指南

本书是非常实用的指南，能够帮助你理解并应对积极聚焦或预防聚焦。如果能在生活中运用这些知识，你会更加有效地实现自己的目标。如果将其运用于影响他人，你就能"凭空"收获更多的信任、更大的价值和更好的业绩。这就像是魔法，真实的魔法。

第一部分

提升与预防

第一章　聚焦于赢，还是避免输？

人们希望成功，希望购买的产品和从事的事情，既让自己感觉良好又增加自己的效率。可是，正如我们从研究中心的同事乔和雷身上了解到的，人们的动机可以呈现出两种完全不同的形式：可以是聚焦于抓住“目前的所有”，也可以是“获取更多”。积极聚焦指的是最大化地获取利益，避免错失良机。每当我们的行为受到取得进步、表现优秀或获得奖励等欲望的驱动，像那位乐观、有想法的雷那样，我们就是积极聚焦型的。

相反，预防聚焦则是指将损失最小化，维持事情的原貌。每当我们渴望保障安全，避免犯错，履职尽责，以及希望留给他人可靠踏实印象的时候，就像那位小心谨慎的乔那样，我们就是预防聚焦型的。

你如何体验周围的世界，比如，你关注什么，如何阐释它，你对它有多么关心，这些在很大程度上都会受到你此时此刻的动机聚焦的影响。在本章，我们将更加深入地探讨积极与预防两种动机，阐释它们存在的根源，并描述在日常生活中，我们是如何采纳某种动机聚焦方式的。

为什么会有两种聚焦方式？

人们从一出生就具有两种基本的需求，为了活下去，每一种都必须得以满足：养育的需求和安全的需求。说得更通俗易懂一点，我们需要他人的养育，需要获得安全感。

有人养育是好事，这意味着他人会给予你所需要的（正面的）东西：食物、饮料、亲昵拥抱、梳洗打扮，可能还有财务上的支持。有人养育意味着你有“获益”的机会。

安全是好事，这是因为，危险的东西很明显会要了你的命。当他人保护你时，他们会帮助你避免能够伤害你的（负面的）东西：掠食者、毒物、尖锐的器物，等等。安全意味着你能够更好地避免损失。

我们都趋乐避痛，这不需要心理学家或哲学家来告诉你。一个不那么明显但同样真实的事实是，人类存在两种乐趣与痛苦，每一种都与人类的基本需求紧密相关：有人养育的快乐和没人养育的痛苦，以及安全的快乐和不安全的痛苦。如果回想一下你过去的经历，你会发现它们之间的区别是相当明显的。当某个同事表扬你的工作时你感受到的快乐，与大雨倾盆之前你安全到家所感受到的快乐，显然大不相同。两种经历都是快乐的，但它们之间却有着质的差别（“太棒了！”和“天啊，差点挨淋！”）。

你可能不太清楚的是，当你试图寻觅的快乐不相同时，所应对的信息不同，运用的策略不同，你还会发现，赋予你动力的反馈也不同。

积极性动机，从本质上来说，关乎你有人养育的需求。它关乎让你的生活充满积极正面的东西：爱、钦佩，以及成就、进步与成长。积极的目标是那些在理想状态下我们希望实现的目标（比如，“我真希望自己肌肉再发达一些”，“我希望现在正在谈恋爱”，等等）。如果得到了一直在寻求的那些积极正面的东西，我们就会浑身精力充沛，洋溢着愉快、幸福和激动等情绪。或者，像雷那样可能会说，我们感到“嗨翻了”。

而预防性动机满足的是你对安全感的需求，它关乎维持较为令人满意的生活所需要的东西：安全，做正确的事情。预防性的目标都是我们觉得自己应该实现的目标，我们理解的自己的职责、义务等（比如，“我真的需要减点肥了”，“我该认真谈个恋爱了”，等等）。如果能够维持自己的安全感，我们会感到平静、放松和宽慰。（这些感觉虽不够高调，但同样很好，比如，你可以找一个忙得焦头烂额的非全职妈妈，问问她最希望什么，最常见的回答会是“有个放松的机会”。）

在继续下文的话题前，请花一点时间回答下列问题。请如实回答，记住，没有标准答案。

你的动机是什么？

请尽量快速地完成本练习，每个答案只需几个字。

1. 请写下你最希望拥有的某个品质或特征（或者此品质或特征更明显一些）。

2. 请写下你觉得应该拥有的某个品质或特征（或者此品质或特征更明显一些）。

3. 请再列举一个理想的品质。

4. 请再列举一个应该拥有的品质。

5. 请再列举一个应该拥有的品质。

6. 请再列举一个理想的品质。

7. 请再列举一个应该拥有的品质。

8. 请再列举一个理想的品质。

你的答案是什么？如果你和大多数人一样，你会很容易写出前两个答案，但你会发现，继续列举第三、第四个“理想”品质或“应该”拥有的品质时会有一定的困难。通过判断哪种问题更容易回答，理想的品质还是应该拥有的品质，你就可以推断出你到底是倾向于积极的心态还是预防性的心态。如果回答理想的品质时更迅速，那么，你比较习惯于理想化的思维，拥有更积极的心态。如果回答应该拥有的品质时更容易、更迅速，那么，你是预防性心态的人。如果两种问题你回答得同样容易、同样迅速，那么，你的两种心态都很强，没有哪种心态是占据主导地位的。(但是，大多数人会倾向于某一种心态。)

为什么有主导性的聚焦模式？

明白了每个人生来就需要寻求养育和安全感，那么，你可能会问，为什么有的人更关心其中之一而非另外一个？最可能的答案就是，这与每个人从小被抚养的方式有关。你可能会认为，积极聚焦型的人在成长过程中一定不乏奖励（即快乐的早期经历），而预防聚焦型的人则常忍受惩罚（即痛苦的早期经历），那么，你错了。其实，根源在于，在各自的成长过程中，积极聚焦型的人和预防聚焦型的人从小受到奖励和惩罚的方式不同。

在雷小的时候，每当他做得好，他的父母会立即加以表扬。他得了一个A，准会在父母脸上看到自豪和开心，他沐浴在父母充满爱意和赞许的目光之中。他的父母经常用玩具、糖果等小礼物，或者晚睡一会儿等小特权，来奖励他的各种成绩。如果雷的成绩不理想，他会觉得屋子里的空气都没了。他的父母会摇头叹息，看起来失望透顶，然后去忙自己的事情，把雷孤零零地留在那里，这令他心中备感空虚。这种教育之道会培养出积极聚焦型的人：成功后你面对的是热情洋溢的表扬，失败后则会失去爱和关心。像雷这样长大的孩子会将获取父母（后来变成了别人）的爱和赞许的机会视作自己的奋斗目标，其生活就是要不断地进步，实现自我的理想，取得任何值得表扬的成绩。

乔的家庭教育完全不同。他的父母对他的期望非常高，一旦达不到父母的期望值，他会立即遭到严厉的批评。任何低于标准的行为都不能容忍。有时候，父母会对他大喊大叫，但更多的是惩罚，比如罚做家务活、减少玩耍时间、禁止看电视，等等。如果他得了个A，家里则会一片安宁祥和，父母满意，他平静的生活将会继续。在这样的环境下，失败要面对批评或惩罚，成功则意味着一切正常，没有什么坏事发生，乔逐渐成长为一个预防聚焦型的人。像乔这样的孩子会将避免父母（后来是别人）的不满、让自己安全视为自己的目标，其生活就是履行自己的职责，做任何让他人满意、让自己生活安宁的事情。

当然，影响我们成为积极心态或预防心态的人的因素中，父母并不是唯一的。每个人的性情也不尽相同。如果从幼年起，你就比较容易紧张，那么你很可能会成长为预防聚焦型的人。不过，即使这样，也可能是因为，你的容易紧张导致父母对你采取不同的交流方式，从而进一步加剧了你的预防性心态。你身处其中的文化和工作环境也会影响他人对你的态度，从而导致你成长为拥有积极心态或预防心态的人。

比如，最近的研究表明：和东亚人相比，美国人通常心态更加积极。美国文化更看重独立，强调个人成就的重要性，所以，它有助于培养积极的心态。“美国梦”实际上就是有关进取进步的故事，赞颂那些敢于上天摘星、甘冒大险、拥有雄心壮志的先驱，所以，我们会如此钦佩史蒂夫·乔布斯那样的创新者，奥普拉·温弗瑞那样的自我奋斗者，以及艾琳·布罗克维奇那样敢于打破规则的人。（想想，你什么时候看过赞颂那些小心翼翼、不敢冒险的预防聚焦型人的电影。我们等着你的回答。）从建国伊始，美国式的自由就意味着“追求幸福”，而非“追求安全”。

东亚文化则与此相反，它更加强调人们之间的相互依赖，更重视人们所从属的集体（如家庭）而非个体。如果人们看待自己和自我目标时总是考虑自己对于集体的责任，这种文化会产生出预防性聚焦。这关乎自我牺牲和对他人的责任。这种文化催生了孔子，他赞美对家庭的忠诚，提倡尊敬老者，这种文化也造就了富于自我牺牲精神的神风队飞行员和严厉的“虎妈”们。

如果你曾为某个你非常热爱的团队工作，你可能已经注意到人与人之间的相互依赖会对你产生影响。你不会只考虑某种结果可能对自己怎么样，而是会更多地考虑你对这个团队的贡献，至少你会觉得，你需要对他人的利益负一部分责任。有时候，你觉得为了这个团队，你可以做出自我牺牲。你不想犯错，害怕损害这个团队的利益，你知道，如果出现那种情况，你会非常自责。

你希望成为值得大家信赖的人，这就是预防性聚焦了。（这个例子所强调的是，即使在美国，人们有时候也会变得更加注重预防，而非那么注重进取。）

不一定每次都同样聚焦

一旦你了解了“主导性”的聚焦模式，很容易将事情简单化，以为每个积极聚焦型或预防聚焦型的人每次做事都出于同样的动机。我们已经指出，这种观点是大错特错的。

在不同的生活领域运用不同的聚焦模式，这种现象并不少见。举例说明，在工作中，你可能是积极聚焦型的，可是在涉及家庭或财务问题时，你很可能更侧重预防麻烦。即使你是个非常谨慎的人，如果你的另一半是那种对孩子事事关心又事事担心的人，那么，在教育孩子方面，你也可能会变得更加积极，以平衡你家那位的态度。

但是，即使聚焦模式在你身上明显占优势，在某种具体情境或环境中，你也可能采取另一种聚焦模式。如果某局势毫不含糊地牵涉某利益或损失，通常的聚焦模式会启动。比如，我们等待医院的化验结果时，启动的是预防聚焦模式，可是，在等待彩票抽奖结果时，又是积极聚焦模式了。（赌博是典型的积极聚焦模式，因其涉及赢钱、发大财。如果你不想损失金钱，你就不会玩轮盘赌了，你会把钱存进银行或藏在床垫下面。）如果你的老板要奖励销售额最高的员工一大笔钱，这就是积极聚焦环境；如果他威胁说要解雇销售额最低的员工，那么，你肯定会感觉到，大家都变得以预防为主了。

在本书中，每当我们提及积极聚焦型或预防聚焦型的人，他们如何思维，情绪如何，怎么行事，最易受什么影响，等等，我们的理论既适用于那些有某一明显聚焦模式的人，也适用于那些聚焦模式会随局势发生变化的人。你最终启用哪种聚焦模式并不关键，关键在于当前时刻你的聚焦点是什么。

什么会影响你？

你下班后与朋友聚会时，他会对你讲述他当天做了哪些事，或者他去度假时都干了些什么，你很可能会觉得，你对他做的所有事都给予了同等的关注，其实不然。无论你是否意识到，你关注的其实是他的信息的某些部分，那些与你的动机聚焦点相契合的部分。

是哪些信息呢？如果你是积极聚焦型的人，你关心的就是有无积极正面的事情发生，比如，他是否获得了什么，得到了什么报酬，或赢了什么（积极正面事情的发生）；他是否错失了某个机会（没有积极正面事情的发生）。积极动机促使我们特别关心这一类的好和坏。譬如，在一项研究实验中，我们给一些积极聚焦型的实验对象一张单子，上面列有某个虚构人物的信息，事后，他们记得更清楚的都是那些有关积极正面事情的信息。（如，“因为想给最好的朋友买份礼物，所以我去购物了”，或者，“一直想去看这个电影，可是等我终于有时间下班去看了，却发现电影已经下线了”。）

另一方面，那些预防聚焦型的人总是比较关注消极负面事件的相关信息。他是否损失了什么，受到了什么惩罚，犯了什么错误（负面事情的存在）。或者，他是否成功地避免了什么灾祸、伤害或错误，他是否安全（负面事情不存在）。在上文中所提到的研究实验中，那些预防聚焦型的人会更清楚地记得与消极负面事情相关的信息。（如，“我不想说什么傻话，所以我干脆在课堂上一言不发”，或者“我挤在地铁车厢里长达35分钟，后面至少有15个人紧紧贴着我，对着我的脖子呼吸”。）

下面是一个真实的故事。乔和雷差不多同时结婚，度蜜月的时间只隔了几周。积极聚焦型的雷回来后，跟我们大谈特谈他在那个热带度假区玩得多么爽，碧蓝的海水，当地的美食，沙滩上的漫步，等等。预防聚焦型的乔回来之后，我们问他，在那个美丽的意大利海边小城过得怎么样。他首先谈到的是，在饭店里总是挨宰，明明没点面包却被收了钱。

你不仅总是会关注和记住与你的聚焦点匹配的信息，而且如本书第十一章所述，你还会觉得这样的信息更可信。如果将葡萄汁描述成能带来积极正面意义的东西（让人精力更充沛），会对那些积极聚焦型的人更有吸引力；如果说葡萄汁能够预防消极负面的东西（降低癌症风险），就会对预防聚焦型的人更有吸引力。同样的，预防聚焦型的人更侧重所购商品的可靠性，而积极聚焦型的人更看重产品能给人带来享受的功能。

你身上占主导型的聚焦模式也会影响你对其他消费者观点的评估。当你上亚马逊网站查看其他购买者的评论时，你有多种选择：你可以直接去看那些打五星的评论，或者直接去看那些打一星的评论，或者你随机看各种各样的评论。最近的一项研究表明，如果你是积极聚焦型的（或想购买此类商品），可能会去查看那些正面的评论，觉得那些评论非常有道理。那些预防聚焦型的购买者（或想购买预防聚焦型商品）则更可能会去查看并相信那些负面的评论。（如果你的工作是销售某种明显属于积极聚焦型或预防聚焦型的产品，你应该知道需要关注哪些评论了吧。）

发射光子鱼雷！

在当今的高科技历险电影里，常常有两派力量为了统治权或生存权而进行殊死搏斗，险象环生。在这样的电影里，通常有一个人要决定何时发射光子鱼雷。（如果你钟情于老派动作片，就用“能射出带火之箭的中世纪弓箭手”或“渴望正义、老当益壮的枪手”来代替这个“掌控光子鱼雷的家伙”吧。）

想象一下，你现在就手握这个重大的责任，好几个小时都在盯着星船的监视器（或者“薄雾笼罩的荒野上那遥远的地平线”），突然间，你看到了什么。至少，你觉得你看到了。仅仅是一瞬间的事情，而设备又不是特别的可靠。你不能确定你看到的东西是否是敌人，或者小行星、太空垃圾之类无害的东西，或者只不过是你的眼睛花了。你需要做抉择，是发射光子鱼雷，让所有人投入战斗，或者暂时什么都不做，继续观察。

你的选择会导致四种可能的结果，两种正确的，两种错误的。你发射了鱼雷，看到的恰好是敌人，你是对的（你成了英雄）；你发射了鱼雷，来的不是敌人，你是错的，你的同事们可能会非常恼火，你还浪费了一枚光子鱼雷。你可以什么都不做，如果不是敌人的话，你就对了；但你也可能是错的，在你的星船爆炸的一刹那你就会明白这一点。

心理学家将这类挑战称为“信号检测”，你的目标是从“噪声”

中分辨出“信号”(敌人)。换句话说，你到底看到了敌人没有?那真的是“信号”吗?或者那仅仅是太空垃圾(噪声)?如果你说“是”，还说对了，这就叫作“命中”了；如果你说“是”，结果却说错了，这就叫作“虚惊”(或“行为失误”)。如果你说“不是”，而你说对了，这就叫作“正确拒斥”；如果你错了，就叫作“没命中”(或“遗漏失误”)。

如果掌控光子鱼雷的恰好是我们的同事雷，他很可能会发射鱼雷。这是因为，如果我们追求积极的目标，就会对命中的结果更敏感，希望试一试。况且，如果你想吃煎蛋，总得要打碎鸡蛋吧(还要冒早餐里可能会有碎蛋壳的风险)。积极聚焦型的人愿意冒“行为失误”的危险，但不愿意冒“遗漏失误”的危险。他们最不愿意看到的结果就是“没命中”(比如，敌人就在那里，却没有开火)，因为那意味着浪费了本可以做点事情的机会。所以，在上述情况下，他们会说“是”。(指那些没有明确答案但必须做出抉择的情况。如果这是在一出浪漫喜剧中，你很可能会同意那个风度翩翩的神秘陌生男子的求婚，最后却发现他是那个被全球通缉的大盗。)

积极聚焦型的人通常具有心理学家所说的“宽厚(或冒险)倾向”，结果呢，他们会得到比较多的“命中”，当然，也有很多场“虚惊”，即“行为失误”。他们可能命中更多的敌军巡逻舰，但也很可能有点过于主动开火，因而会命中友舰。

预防聚焦型的人呢，他们通常更小心谨慎，拿不定主意的时候，他们大多会说“不”。所以，如果是乔在控制光子鱼雷，如果他拿不准看到的是不是敌人，他是不会开火的，他不愿意冒犯错或出洋相的风险。具有预防性心态的人宁愿犯“遗漏失误”(如，在真有敌舰的时候，却还在犹豫要不要开火)，而不愿意犯“行为失误”(如，承担向友舰开火的责任)。这样的人希望避免冒险出错的情况（如，虚惊)。如果他们目前是安全的，会有心理学家所谓的“保守倾向”。他们不愿意冒险，害怕失去现有的安全。所以，一个预防聚焦型的角色不会嫁给那个乔装打扮的坏蛋，但是，记住，这样的角色通常也不太可能是电影的主角。

值得注意的是，如果预防聚焦型的人觉得自己身处险境，比如，他们真的处于敌人巡洋舰的炮火之下，他们就不再那么小心了。灾难袭来时，他们会尽一切所能，甘冒一切风险，目的就是保证安全。如果感到有危险，他们可能会一次又一次地开火，但这只是在极端的情况下，在日常生活中，他们依然会保守而小心地行事。

以上例子旨在告诉你积极聚焦型和预防聚焦型的人可能更倾向于采取的策略。总的来说，积极动机最好以所谓的“热切方法”来满足，那些方法既要能够保证实现进步或获得利益等目标，又不能因为错失了可能的机会而无法实现进步或获得利益。在做决定的时候，积极聚焦型的人喜欢考虑进展顺利的结果（有利之处)，而非进展受挫的结果（不利之处)。当他们觉得会成功，他们的动力会更大，做事的劲头会更足，排除一切疑虑，开足马力前进。为了让事情进展顺利，他们会不惜一切代价，哪怕会犯点错误。他们愿意考虑更多的选项，只为了不错过“命中”的机会。如果生活是一场橄榄球赛，他们会一直进攻，靠不断得分而赢得比赛，虽然这样做可能会偶尔犯规，白送对手分数。(如果对阵双方都是积极聚焦型的选手，你就可以享受一场分数暴涨、激动人心的比赛了。)

另一方面，预防性动机则最好以“警觉方法”来满足。警觉方法的目的是通过谨慎不犯错误来保有现有的一切。在做决定时，预防聚焦型的人喜欢严肃考虑那些可能会出岔子的事情（不利之处），而非可能进展顺利的事情（有利之处）。如果觉得可能会失败（如果自己不够谨慎），他们的动力会更大，做事的劲头会更足。实际上，如果预防聚焦型的人有把握会成功，他们的警觉度会降低。为了维持足够的警觉度，他们觉得必须尽力保证不出任何差错。他们愿意制订切实可行的计划，并一贯坚持最初的计划，而且不愿意考虑太多其他选项，他们觉得任何替代性选项都会带来出错的风险。如果生活是一场橄榄球赛，他们会致力于防守，试图通过阻拦对方得分和不犯愚蠢的错误来取得胜利。（如果对阵双方都是预防聚焦型的选手，那么，除非你自己钟情于防守，否则，你就等着看一场得分低、稍嫌沉闷的比赛吧。）

两种聚焦模式优于一种

在可预期的将来，你是否想减肥，而且不反弹？你是否想戒烟，并不再复吸？是否想开始定期运动，并持续下去？如果答案是肯定的，那么，你需要两种聚焦模式，这是因为，不同的模式适合用来应对这些健康目标的不同阶段。

积极进取的心态会带来“热切”策略：一旦启动了计划，你会兴致勃勃地全力以赴。在减肥或戒烟行动中，你需要这些，才能达到自己的目标。但是，在长期维持健康的习惯方面，仅有热切并不够，你需要警惕，才不至于半途而废。预防性聚焦正好可以让你保持现有的成就。

举例说明，在两项分别针对戒烟和减重（新年计划的常见内容）的实验中，强烈的进取性动机预测，在前六个月里，会有较高的戒烟率和更有成效的减重，但在接下来的一年里，是强烈的预防性动机预示实验者不再复吸或体重不再反弹。

因此，如果你在开始做事时劲头十足，但一段时间之后，你会不经意地发现，你的成绩已经烟消云散了，那你很可能需要预防性思维了。如果情况正好相反，你发现自己在做事之初劲头不太足，那你就需要一点积极思维了。（如果你觉得改变思维方式不那么容易，那么，我们将在第八章里提出解决方案。）

失败，常常发生

有时候，事情并不以你预料的方式发生，比如，你没有得到预期的加薪，你似乎摆脱不了宵夜的习惯，你没钱去度假，或者你上周五的约会对象至今还未给你回电话。这些挫折如何影响你？你感觉怎样？在很大程度上，你的答案取决于你的主导性动机。

当积极聚焦型的人遭遇挫折，如业绩欠佳，其自尊心会大受打击。总体来说，积极聚焦型的人自尊心很强（即正面的自我认知），因此，失败会让他们对自己及自己的能力产生怀疑。另外，他们会将失败视作正面因素的缺席：没赢，没人爱，没有钦佩，没有回报。因此，他们会产生一系列与失落有关的情绪——悲伤、郁闷、气馁。

预防聚焦型的人通常没有那么强烈的自尊心，而是更关心自我确定性，换句话说，他们希望自己的自我认知是正确的，无论此认知是正面还是负面的。如果业绩（出乎意料地）不够好，他们会感觉不认识自己了，这种对自我认知的不确定性让他们格外不安。（请注意，积极聚焦型和预防聚焦型的人都不希望低估或错误地认识自我，他们的区别只是体现在程度上。）预防聚焦型的人将失败视作负面因素的存在：承受损失，处于危险，受到惩罚，等等。因此，他们会产生一系列与焦虑有关的负面情绪——紧张、压力和担忧。

（请注意，如果我们是积极聚焦型的人，那么，在即将成功的时候，我们的精力最旺盛，兴致最蓬勃，也就是说，做事劲头最足。而如果我们是预防聚焦型的人，是在事情进展不顺的时候，我们最警觉，做事劲头最足。下一章我们将探讨这个重要区别。）

通过本章，你已经明白了积极性动机和预防性动机的来源，它们如何决定我们关注哪些信息和运用什么策略，以及它们如何影响我们的情绪，现在，我们要考察一下它们如何影响我们日常生活的方方面面。在以下几章里，你将看到，在工作场合和教室里，积极聚焦型与预防聚焦型的人表现有何不同。你将看到，作为合作伙伴或父母的他们是怎样的，他们如何做决定，他们如何看待这个世界。无论怎样，积极聚焦与预防聚焦一定会影响你看待、感受和做事的方式。

第二章 为什么乐观态度对（防御性）悲观主义者不适用

我们的世界热爱乐观主义者。美国比世界上的其他国家更加看重积极的人生观，认为它是万能良药，可以解决任何问题，而积极自信的态度就是走向成功的关键。所以，毫不奇怪，许多鼓吹正面情绪力量的励志书成为大卖特卖的畅销书，而所谓的“吸引力原则”（即，如果我们将头脑里的负面情绪清除，好事会自然而然地“显现”）也抓住了许多人的眼球。

这些听起来都很棒，是吧？毕竟，正面的思维很好玩！想象一下自己的梦想全都成真的兴奋劲儿，还有什么比这更令人愉悦呢？（坦率地说，想象那些负面的东西，如我们可能遭遇的障碍或事情可能不太顺利等，一点都不好玩儿。这一点不可否认。）所以，仅仅通过想象那些闪亮而开心的事情，就能达到诸如健康、富裕、让彼此深爱等目标，这自然具有强大的吸引力。“吸引力法则”就是既让你吃蛋糕，又不让蛋糕变少。至少，假如这条法则管用的话，结果就是如此。（更精确地说，这条法则是让你想象一下有蛋糕吃会怎么样，实际上，你不太可能有这么一块蛋糕。）

实事求是地说，生活中许多正面的思维者并不认同上述那些想法，他们只是普通的乐观主义者。简而言之，乐观主义就是相信：好事会发生，坏事不会发生。可以通过考察你对下列句子的反应来衡量你是否是乐观主义者。

在不确定的时候，我通常期望最好的结果。

我总是看到事物好的一面。

事情总是不随人愿。（乐观主义者不相信这一点。）

在科学界，虽然吸引力原则没有什么市场，可是信奉乐观主义者颇多，这是有道理的。许多研究表明，与悲观主义者相比，乐观主义者的健康状况更好，即使生病，也恢复得更快。他们更容易适应变化，更积极地应对问题。他们对自己的人际关系情况更满意，更愿意接受互惠性的妥协。总的来说，乐观主义者比悲观主义者更容易实现既定目标，这在很大程度上是因为即使道路崎岖，他们也不会轻易放弃。

与悲观主义相比，乐观主义确实更好，但仅仅是对有些人、有些时候来说。而后面的这半句话，常常被那些在励志书中不遗余力倡导乐观主义与正面思维的人（以及商务、教育和育儿专家们）所忽视，原因可能是，他们并不知道自己所讲的只有一半是对的。我们的研究表明，对有些人来说，保证成功的最好方式是让他们相信自己可能会失败。

等一等，有些人会因为可能失败而动力十足？

是的，我们意识到了，这可能与我们的直觉完全相反，一点也没有那种“我能行”的精神。如果想要成功，我们不是应该摒弃负面想法吗？

如果你是预防聚焦型的人，或者你追求的是预防聚焦型的目标，那么，你不需要摒弃负面想法。因为乐观主义并不对你的路子，如果你那么做的话，反而会扰乱或压抑自己的动力。如果你觉得事事都会进展顺利，干吗还要费尽心思地避免错误、绕过障碍或准备替代计划？那根本就是在浪费时间和精力。如果事事都将如愿，那就别紧张，放松吧。

所以，如果你是预防聚焦型的，不可能那么放松。太过于乐观会降低你的警惕性，而你需要这种警惕性才能干好工作。你应该非常警惕的恰恰是避免错误，为可能遇到的问题做好准备。很自然地，许多成功的预防聚焦型的人都早已本能地意识到了这一点，他们默默地抗拒着周围人对正面思维的号召，心里清楚（也许是无意识地）那样的思维方式并不适合自己。现在，我们举例说明。

我们与研究中心的同事詹斯 · 福斯特和罗琳 · 陈 · 易德森一起，进行了一项研究。我们给参与实验者每人一组字母顺序打乱的词（如，nelmo，你不一定非要用上所有的五个字母，你可以组成 elm，one，mole，men，lemon，melon 等词），让他们拼出单词。我们告诉他们，如果他们做得好，可以获得金钱奖励，但我们根据他们的动机聚焦方式进行了调控。我们对那些积极聚焦型的人说，他们可以拿到 4 美元，如果他们拼对的单词超过 70%，可以多赚 1 美元；而对预防聚焦型的人，我们答应给他们 5 美元，但如果他们拼对的单词不到 70%，则要扣掉 1 美元。

请记住，即使表现欠佳，每个人也都能得到 4 美元，表现好则可以拿到 5 美元，所以动力应该是均等的，70% 的目标对每个人都一样。唯一不同的是我们解释规则的方式（心理学的术语，叫作“心理定格”）：最后拿到 5 美元是意味着赢 1 美元（积极性聚焦）还是避免输 1 美元（预防性聚焦）。

回到实验。任务进行到一半，我们给每个人一次反馈。我们告诉他们，他们的表现超过或低于 70% 的目标水平。（这与他们的实际表现没有任何关系，我们只是随机告诉每个人好消息或坏消息。）他们由此相信，他们各自要么即将成功，要么快要失败。根据这次反馈，我们衡量了他们动力的强弱和对成功的期望值。

如你所预料的，听到肯定的反馈后，积极聚焦型的那组实验者对成功的期望值倍增，动力更足。“我做得很好！”“我在赢！”“万岁！”他们这么想。谁会不这么想呢？预防聚焦性的人就不这么想。听到他们一切顺利的好消息之后，他们对成功的期望值没什么变化，动力还下降了一点。“看起来我是安全的。”“没什么好担心的。”“放松好了。”他们这么想。

如果听到了坏消息，他们会有什么样的反应？听到负面的反馈后，积极聚焦型的那组人对成功的期望值稍稍有所下降，动力也减弱了。“嗯，看起来不太好。”“真让人气馁。”“反正也能挣 4 块钱，干吗那么费劲？”“我还是留点劲儿去做我会成功的事吧。”

而预防聚焦型的人精神头马上就上来了，开始认真起来。他们对成功的期望值急剧下降。他们肯定，如果再不加把劲儿，他们就失败了。尽管期望值下降，或者说，由于期望值下降，他们的动力反而大涨。“不，我绝不能输 1 块钱！我要尽一切努力避免那样的结果发生！”

在得知自己做得很好时，积极聚焦型的人会劲头十足。乐观和信心让他们更加热切，动力和业绩大增。我们那位积极聚焦型的同事雷，他身上最典型的特征就是那种“事事都会如意”的态度。无论去哪里，他身上都会散发出这种乐观自信的气息（包括深夜时分在危险的街区里走来走去，想找一个听爵士乐的好地方），迄今为止，他做得还不错。

预防聚焦型的人却是在得知事情进展不顺的情况下，才真正鼓起劲来。失败的可能性会提升他们的动力，也改善他们的表现。我们那位预防聚焦型的同事乔，他总是因为工作上的某个小细节而不断地折磨自己，但他自己知道，这么小心谨慎对他有利。（请记住，即使你交给他一个“特殊武器与战术”小组，他也不会走近那些危险街区半步。）

为了理解哪些因素对乔和其他预防聚焦型的人有帮助，我们必须认识到，他们并不是传统意义上的悲观主义者。他们并不相信自己一定会失败，或自己可能会失败。他们告诉自己的是，如果不够谨慎或工作不够努力，他们可能会失败。能够驱动他们的是，如果现在不做一切必需的事，他们将来可能失败，这就是所谓的“防御性悲观主义”。无论你是预防聚焦型的还是积极聚焦型的，悲观，即预料自己会失败，都会削弱你的动力。文学作品中之所以会有那么多乐观带来好结果的例子，部分原因是，我们的研究总是集中在比较乐观和悲观的两种人身上。结果表明，悲观会削弱动力，但是，乐观并不总是提升动力。只有针对积极聚焦型的人，乐观才会提升动力，乐观对预防聚焦型的人并不起作用。

你擅长实现什么样的目标？

请回答下列问题：

1	2	3	4	5
从不／很少		有时		经常

1. 你经常因为“有人给你打鸡血鼓劲儿”才更加努力工作，从而完成某事吗？

2. 你经常遵从你父母制定的各种规定吗？

3. 你尝试不同的事情时经常做得很好吗？

4. 你觉得自己在迈向成功的路上又向前走了一步吗？

5. 在成长过程中，你曾经尽力不去越轨吗？曾经尽力不去做父母不能容忍的事情吗？

6. 有时候，不够谨慎让你陷入麻烦了吗？

你的积极成功分数 =Q1+Q3+Q4

你的预防成功分数 =Q2+Q5+（6−Q6）[反向计分]

以上问题是由动机科学研究中心设计的，目的在于分辨出靠积极聚焦或预防聚焦而成功的人（我们称之为积极和预防性自豪感）。如果你某一项（或两项）得分很高，那就意味着，你需要了解如何运用你的这种动机聚焦。（可能两项得分都高，那说明你知道如何做到让两种聚焦模式都有效，虽然某一种依然是占主导性的聚焦模式。当然，也有可能两项得分都低，那么，你就更有必要阅读本书了。）为了有效利用其中任何一种聚焦模式，你需要了解如何策略性地运用自己的人生态度。

正确的工作需要正确的态度

如果你希望积极聚焦发挥作用，那么你需要非常热切地追求自己的目标，热切地促使事情发生、发展。乐观的人生态度可以让你变得更热切，因而更贴合积极的聚焦模式，也就是说，乐观的心态有利于维持并增强积极动机，让我们更好地实现目标。如果你怀有征服一切的雄心壮志，积极的思维就是你所需要的。

另一方面，如果你希望预防性聚焦有效，你需要非常审慎地追求自己的目标，谨慎地促成事情的发生、发展。你需要减弱或压抑自己的乐观心态，培养适度的怀疑主义，这都能帮助你保持你的警惕性。“这事可能不成”的态度有利于预防性动机发挥作用。更加现实的态度能够提升你的警惕性，因而更贴合预防性聚焦。当你需要警惕时，比如，在履职尽责和试图避免危险时，你不能让自己变得过于自信，无论你过去是多么成功。

积极自豪感和预防自豪感强烈的人可能都有乐观的理由，他们都有很多圆满完成任务的记录，但是，后一种人知道，他们不能太乐观，所以，他们不会花时间躺在过去的功劳簿上沾沾自喜。相反，他们在准备完成某项任务时，如一份报告、一个测验或其他的挑战，他们会降低期望值，忽略以往的成功例子。他们会想，“我知道到目前为止，我的化学都得了 A，可是，这次的考试可能难得多，我有可能得不了那么高的分了”。有时候，他们甚至会自言自语，弄得旁边的同学很恼火，对方便用一些小东西来砸他们。

因为期望值低，预防性自豪感强烈的人会在脑子里一遍遍地过电影，考虑事情可能会出错的各种方式，并为每种情况准备好对策。因此，他们的表现会和积极聚焦型的乐观主义者一样出色（请记住，如果你不让他们以那种“防御性”悲观主义的方式做事，他们的表现就会差得多。）

在适当的条件下，如在某个需要认真计划和努力用功的情况下，预防性自豪感强烈的人甚至会表现得比积极自豪感强烈的乐观主义者还要出色。我们不需要四处寻觅例子，只要看看近期的经济衰退和引发衰退的借贷危机就够了。在房价不断上涨的情况下，只有当一切都运转良好时，人们才敢于抵押贷款（贷款经纪人不断地向我们保证，一切都没有问题）。在这种情况下，预防聚焦型的人会问：“如果出了问题怎么办？”因而，他们躲过了不得不将房子交还银行、毁掉自己信用记录的悲剧。

历史书和新闻节目上充斥着各种过度乐观带来危险的例子。任何事情都可能出错，如果对此没有充分认识的话，将会产生严重的后果：本以为会迅速结束却越拖越长、造成惨重平民伤亡的战争（越战、伊拉克战争等），计划周密本可避免的人道主义危机（卡特琳娜飓风、福岛核灾难等），以及鲁莽不负责任的投资导致的经济衰退（次贷危机、大萧条等）。

防御性悲观主义蕴含着力量，在追求预防聚焦型的目标时，对困难和可能出错的事加以考虑（有人贬其为“负面思维”）能够赋予你明显的优势。家长如果希望自己蹒跚学步的孩子安全，检查一下家里，看看有无潜在的危险，可以确保万无一失。每年定期体检的人更有可能早发现问题，极大地增加疾病治愈的概率。认真对待竞争的生意人更能预见对手的下一步行动，保持竞争优势。

关于那些拥有预防性心态的人（无论是自己还是他人），最重要（也最困难）的一件事，就是尊重他们那种轻度的悲观主义或怀疑主义，尽量少说鼓劲儿的话。他们的悲观是策略性的，他们知道自己在做什么。（如我们上文所指出的，他们并没有对自己说可能会失败，因为那样可能会令他们泄气。实际上，他们只不过在想：如果自己不尽一切力量来避免失败，则可能会失败。这种"如果"的心态让他们动力十足，去做一切需要做的事。）只有当我们理解并尊重这两种不同的动力运作模式，我们才能让自己卓有成效（并帮助我们关心的人卓有成效）。

综上所述，如果下次你又禁不住要鼓励你那位预防聚焦型的朋友或同事，想让他变得更乐观一点，那么，请你三思而后行。说不定你要做的事是在害他。（如果你自己是预防聚焦型的人，下次有人叫你"放轻松点"或"我肯定你会做得很好"时，你大可不必理会。你知道自己在做什么。）

不过，乐观主义者不是更幸福吗？

当然了。假如你这里"幸福"的意思是指他们更加开心、更加愉快。但是，如果你的意思是指他们将拥有更有益的人生经历和更大的福祉，那么，你错了，他们并不更"幸福"。坦率地说，大众媒体和自励行业（在某种程度上，甚至心理学本身）关于"幸福"的定义（幸福等于人类生活的终极目标以及全部），太过于狭隘了。不是每个人都是那么开心乐观（心理学家称之为"高积极情感"），但这并不意味着这些人的生活不完美。马丁·赛里格曼，积极心理学之父、《真正幸福》一书的作者，在他最近的著作《持续的幸福》中，表达了同样的观点：以情绪来衡量幸福，就将地球上人口的一半（那些“低积极情感”的人）打入了不幸福的深渊。即使他们不总是那么开心，这些人的生活可能比那些总是笑嘻嘻的人还要充实，还要有意义。

赛里格曼提到的这些“低积极情感”的人中，大部分无疑都是预防聚焦型的。成功时，他们不一定会欢呼雀跃，但安详平静是可以和开心激动一样美好的状态。毕竟，世界上数以百万计的人选择通过冥想来寻求安宁，而非寻求开心。而且同样重要的是，即使为了继续保持审慎和警惕，预防聚焦型的人不允许自己太长时间保持平静放松，他们也仍然能体会到预防心态起作用之后的那种幸福。

如果幸福和快乐不是一回事，那么，幸福到底指什么呢？人们需要的到底是什么？心理学家们的传统答案（至少可以追溯到弗洛伊德）一直都是“趋近快乐，避免痛苦”。很明显，这个答案部分是对的。可是，仅仅“趋近快乐，避免痛苦”，并不是充实而有意义的生活的真谛。希金斯（本书两位作者之一）在其近期关于动机的著作《超越快乐和痛苦》中论述，人们真正想要的其实是卓有成效：了解真相，掌控所发生的事情，取得期望的成果。我们希望能够与周围的世界互动，能够理解和掌控周围的世界，并以此达到自己的目标。

如果人们需要的仅仅是将快乐最大化并减少痛苦，那么，为什么会有人选择忍受多年高强度的训练、做出无数的个人牺牲，就为了能在奥运会上一展身手？如果生活仅仅是关乎快乐，那么，为什么会有人愿意为了自己的爱人、集体或者国家，而牺牲自己的生命？如果真是那样的话，他们不会做出这些并不快乐的选择。但是，这些选择却是富有成效的，最终，无论你做什么，这种成就感将赋予你的生命以价值。

可见，积极聚焦型的人并不一定比预防聚焦型的人更幸福，两种动机都能让人体验到成就感。我们的研究发现，积极性自豪感或预防性自豪感强烈的人，即那些在追求目标过程中卓有成效的人（无论是作为乐观主义者还是防御性悲观主义者），他们比那些自豪感较弱的同事能更积极地面对问题，更好地处理问题。也就是说，如果出了问题，两组人均能采取行动，解决问题。而且，两组人都报告说较少出现情感方面的问题（如，病态的抑郁、严重的焦虑、心理问题躯体化，等等）。很明显，对有些人来说，乐观是通向幸福的关键，但不是对所有人有效。况且，我们每个人在某些时候都可能会聚焦于预防，比如，在帮一个两岁大的孩子安全过马路的时候，所以，对每个人来说，乐观都不总是通往成就感的关键。对所有人来说，有时候需要预防—实际，而非积极—乐观。

（请注意：在许多研究中，这也包括我们自己的某些研究，在传统的幸福指数测试中，预防聚焦型的人得分都不太高。我们发现，这与幸福指数的测试方式有很大关系，尤其是因为测试题都特别关注自信与自我接受度。拥有预防性动机的人非常不情愿公开承认他们做得很好，害怕这会让自己放松警惕。因此，他们才显得不如那些拥有积极心态的人那么幸福。但是，他们会非常愿意告诉你，他们过去曾经多么成功，或者他们在履职尽责方面做得多么出色。所以说，一切都取决于你如何设计那些测试题。）

那么，如果你做事情通常都是热情十足的，那么你应该接受乐观主义；如果你一向比较谨慎，你应该摒弃乐观主义，采纳较为实际的怀疑主义。这么说对吗？既对，又不对。请记住，每个人都有两种动机，即使那些最积极聚焦的人也有可能转成预防性聚焦，比如，当爱人患重病的时候。即使最预防聚焦型的人也知道，休假的时候就要冒险和玩乐。为了获得最大的成就感，你需要将自己的心态与手头的工作或任务相匹配。大多数时候，是你的主导性聚焦在发挥作用，但并不是所有时候。所以，请记住，不要将乐观或防御性悲观看作某种特征，它们只是工具。

在某种程度上，凡成功的人都凭直觉做到了这一点，心理学家称他们拥有“预见性的偏爱”，知道如何战略性地看待自己选择的未来，并凭此将自己的业绩最大化或者做到未雨绸缪。当你希望有所创新，或准备冒险时，乐观主义是很好的选择，乐观的态度将使你大大获益。但是，如果你的首选目标是安全，防御性悲观主义才是你更好的选择。当然，你总是可以同时尝试两种态度，如那条谚语所说的，“怀最好的希望，做最坏的打算”。

第三章 聚焦工作

乔通常都是早晨第一个到达研究中心实验室的人，他打开所有的灯，然后钻进自己的（私人）办公室。他办公室的门总是关着的，这样他工作时就不会受到其他同事的干扰。他严格按照日程表和待办事务清单行事。如果你想向他借某刊物上的某篇论文，尽管他文件柜里有几百篇文章，但由于都是按照作者名字顺序排列的，所以，他十秒钟就能从中找到你所需要的。“记着还给我，我可能还会需要的。”他会对你说。如果你忘了还给他，他会来找你要的，他把我们这些忘性大的同事借他的任何东西都认真记录在案。

而雷呢，他会在临近中午时才高高兴兴地溜达过来。他喜欢在家里开始一天的工作，读点书，有心情的话也写点东西。他和几位同事共用一间办公室，是他自己挑选的这几位同事，因为他觉得他们互相之间那些兴之所至的头脑风暴式讨论非常刺激，他最好的一些点子就来自于这样的讨论。他的办公桌上胡乱堆着各种文件和便利贴。如果你向他借某篇刊物上的文章，那你最好坐下等，而且要等一阵子呢。（所以，没人找他借了，而是去找乔，这让乔颇有点恼。）

乔和雷的工作方式非常不同。一旦你理解了我们的动机聚焦方式不仅会影响我们的优势和劣势，还会影响我们管理自己事务的方式，那么这一点就不难理解了。在工作场合下，如果你了解每个人的聚焦方式，你就拥有了一件价值连城的工具，可以提升你自己的以及你的员工们的效率。（教师和教练们，请注意，这些发现同样适用于教室和运动场。）

雇用他人的艺术

作为领导者，你的重要工作之一就是将合适的人员放置在合适的岗位上。可是，你到底该怎么做呢？你如何最有效地分配任务、组织团队？你可以依赖自己的直觉：谁擅长做什么。可是，如果你们共事的时间还不长，这就会很困难。或者，你犹豫来犹豫去，最后干脆就抽签决定。（如你可能已经发现的，前一种方法并不一定比后者更准确。预判人的表现可不容易。）

或者，你可以采用所谓“科学的”方法，用一下非常流行的人格测试表，也许你会用最流行的“麦尔斯—布里格斯人格类型量表”（简称“量表”）。（这个表会告诉你，你是外向—感知—思考—判断型的人，还是内向—直觉—情绪—认知型的人，或者这四个维度的其他什么组合。）这总比抽签强吧？

每年，超过两百万人会参加这个测试，许多人的目的是雇用人员、组织团队以及发现具有领导潜质的员工。这个测试有一个小小的问题：它不能预测人的表现，一点也不能。换句话说，你知道某个人是哪种类型的人了，可这根本不能告诉你此人是否胜任你将派给他做的那份工作。实际上，麦尔斯—布里格斯基金会从来也没有宣称自己可以做到这一点。它的“使用本指南之伦理”

（可以在其网站上查到）明确表示："此量表的结果不能以任何方式用于对被测试者进行标识、评估或限制。"网站上题为"符合伦理的指南"的文章也说"类型并不意味着优秀、称职或天生的能力"（原文强调）。

这里的讽刺就在于，领导们恰恰需要了解（他们采取进行人格测试的目的就在于此，可惜，这些测试极少是有用的）：做这个工作谁是称职的？谁能干？谁优秀？我如何利用有关雇员的知识来预测他们做某项任务时的表现？我如何利用这些关于我自己的知识来选择适合我的职业？

了解积极性动机和预防性动机如何运作的最大好处在于，你将能够推开一扇窗户，通过此窗，你能够真正洞察人们的优劣势，那些能直接转化为工作业绩上的区别的优劣势。如果你是教师，你会更了解某个孩子的长处，他解决问题的方式。如果你是老板，你将会知道由谁来负责寻找新机会，由谁来负责质量监督。如果你是足球教练，你将会知道谁适合做前锋，谁适合做后卫。（有意思的是，职业或半职业教练可能凭直觉就知道了这些。德国进行的一项研究表明，以积极聚焦为主的足球运动员和曲棍球运动员，同以预防聚焦为主的运动员相比较，通常更可能踢进攻的位置，而非防守位置。）

那么，积极聚焦型的人和预防聚焦型的人都各自擅长什么？

创造力与革新

在创造力方面，很少有人能够超过我们那位积极聚焦型的同事雷。大多数研究者的工作方法都是循序渐进，按照逻辑，从已知出发，逐渐填充细节。（“如果A成立，那么B应该也成立，我们接下来就要加以证明。”）雷却喜欢将一切假设打倒，想别人之不敢想。（“人人都觉得A是对的，”雷会说，“可是，如果A本来就不对呢？”）

譬如，几年前，雷挑战了那个已经几乎为业界公认的观念：改善只能意味着好事。他突发奇想：假设某个人平时做某事一直不成功，可是，这次他突然地（出乎预料地）顺利起来，这个人是否会（自己不一定能够意识到）感到一丝焦虑不安。毕竟，人们都相信自己了解自己，了解自己的能力，并且喜欢这种有把握的感觉，所以，任何意外，哪怕是好的意外，也会令人不安。结果证明，雷是对的。他用一系列巧妙而新奇的研究证明了自己是正确的。他在学术上冒了一次险，提出了没人提过的问题，他的努力没有白费。

当然，雷的创意点子并非个个都开花结果了。有时候，他会花上几个月的时间搞定一个实验，来证明他某个不同寻常的理论，可是最后却不得不承认，他可能从一开始就是在做无用功。（工作之外，他那些创意点子也不总是成功的。有一次，他突发奇想，让我们去参加聚会时都假扮成芬兰人，说这样可以“活跃气氛”。）

积极动机，即以是否获益来衡量自己的目标，通常更有利于创新性思维。当人们使用积极聚焦时，他们会更容易产生有创意的点子。如果这时你问他们一个问题：“你能为一块砖想出多少种用途？”他们能够更迅速地跨过最明显的答案（如砌人行道、做镇纸等），而想到一些出其不意的用法（如打碎窗户进入别人家里行窃、关电视机等。当然，假设你以后不想再打开电视了）。

这与如下事实密不可分：积极聚焦型的人更能接受冒险，因此，其信息处理模式更带有探索性。他们不太担心每个点子是否都完美可行，所以，他们愿意接受更多的可能。事实上，他们更担心的是：拒绝了某个“疯狂的”主意，后来却发现这是个绝佳的想法。当他们想出某个新奇、令人兴奋的点子，他们会马上付诸实践。可见，积极拥护新点子是积极聚焦型的另一个明显特征。

预防聚焦型的人则希望能有完美无缺、万无一失的点子。他们批判性的心态有时会阻碍创造的过程。（有趣的是，这也会发生在机构的层面。当成功的公司不能实现创新时，那看起来满足于现状的态度其实是预防性聚焦采取的战略防御，通过避免冒险来达到保护公司利益的目的。）

可惜的是，积极性聚焦的动机虽然有利于促成创意，但它也存在问题——它并不适合对新点子进行评估，而这一点至关重要，因为，你最终需要评判你的点子是否可行。预防性聚焦则可以比较准确地评估某个点子的质量。

请谨记，创造性思维并非唯一的“好”思维方式。分析性思维，即从已知信息有逻辑、按部就班地推导出结论的思维方式，同样是“好”思维方式。我们研究中心的同事詹斯·福斯特发现，预防聚焦型的人更擅长分析性思维，他们牢牢把握已知信息，进行透彻分析，然后得出结论，而不是试图“超越”已知，将问题复杂化。

所以，在试图创新的时候，最成功的团队或公司应该寻求（或尊重）两种聚焦型人员的想法，只不过两种人员建议的重要程度在创新的不同阶段会有所区别。（我们自己已经发现，雷和乔的情况就是这样。下班后你去玩乐的时候，一定要带上雷，他不时会有大胆的新点子冒出来，然后你就拼命地记在餐巾纸上。第二天，你将餐巾纸拿给乔，他会告诉你哪些主意很可能不可行，哪些也许不可行，哪些看起来不过是“芥末油渍”罢了。如果你幸运的话，他会说某个点子“有希望，虽然希望渺茫”，那么，你就采纳这个吧，它很可能就是个金点子。)

关注细节

1998年年底，美国国家航空航天局发射了万众期盼的机器人太空探测器——火星气候轨道飞行器。探测器的任务是收集有关大气层的资料，并用作火星极地着陆车的通讯继电器。经过漫长的十个月，探测器抵达红色的星球，却在即将按计划进入轨道的时候消失了。

出乎人们预料的是，探测器与火星表面的距离比预想的近了100多公里，也就是说，比它能够正常工作的距离低了25公里。探测器没能进入火星的轨道，而是跌入大气层（可能已经解体），永远消失了，浪费了美国纳税人1亿2500万美元。

后来发现，问题出在单位换算上。国家航空航天局的工程师们使用的是公制单位（1990年美国开始使用），而洛克希德·马丁公司那些帮助建造轨道飞行器及其导航系统的工程师们，使用的是英国的度量衡单位（磅、英寸等）。

当问及他们为什么会出现这么严重的问题时（尤其是这种简单且应该第一时间处理的问题），国家航空航天局喷气推进实验室的主任汤姆·盖文说：“我们的系统程序在监督和互检方面出了问题，我们本应发现问题并及时解决的。”

这是会令预防聚焦型的人惊出一身冷汗的问题，人们不禁要怀疑，国家航空航天局的实验室里是不是（至少过去是）缺少足够的预防性心态。不过，可能出这样的问题也并不奇怪。这些人毕竟都是火箭科学家，他们终生都在探索太空，而世上估计没有任何工作会比这份工作更积极聚焦的了，这些人几乎完美阐释了“踏足前人从未踏足的地方”的真正意义 。

在上述的事例中，没有预防聚焦型的人来帮助避免灾难。但在现实生活中，并不缺乏预防聚焦型的英雄，只不过他们很少得到赞颂。你不会因为避免了从未发生的灾难而受到赞誉。没人会说：“将这些单位从英寸换算成厘米，哇，你刚刚节省了 1 亿 2500 万美元！你太厉害了！”这些预防聚焦型的人默默无闻、认真努力地工作着，确保事情按计划顺利进行。他们确保你正在乘坐的飞机不会在飞行过程中解体，你正在服用的药物没有在工厂受到污染，你的大杯脱脂拿铁咖啡真的已经去咖啡因了，否则，你就会凌晨四点还在看电视里的天气预报。

你真正擅长的是保持事情的顺利进行，如果事情真的进展顺利，你的贡献却不太会被注意到。所以，你很可能得不到你应得的表扬。（除非你的前任刚刚把事情搞砸了，那时，人们就会欣赏你了，至少有一阵子会欣赏你。）

预防聚焦型的人擅长与细节相关的工作，他们寻求细节，记住细节。（如果他们觉得很难记住那些细节，他们会写在单子上。如果你喜欢你的备忘记事本，或者当日程安排与待办事务单子完全吻合时，你会格外兴奋，那你很可能就是预防聚焦型的人。）他们做什么事情都持谨慎警惕的态度，这让他们能够迅速发现问题，或者发现可能的问题。因为他们专注于止损，比如使他们偏离目标的诱惑，所以，与那些以获益来衡量自己目标的人相比，他们更擅长抵制诱惑，不轻易分散注意力。

速度与准确度

如果积极聚焦型团队和预防聚焦型团队各有自己的吉祥物，毫无疑问，它们分别是兔子和乌龟。积极聚焦型团队的人，就像那只竭尽全力向前飞奔的兔子，他们倾向于迅速完成工作，急切地到达终点线，避免错失任何获益的机会。预防聚焦型团队的人则像那只慢吞吞的乌龟，按部就班地工作着，稳健而仔细，警惕对待可能的失误。

当然，速度与准确度是永远需要平衡考虑的一对因素。你做得越快，越可能犯错。你越准确，你需要的时间就越长。所以，积极聚焦型团队有时会交出潦草的作业，他们在交作业之前会忘记检查拼写，或者他们会因为每次检查需要花太多时间而最终没能对上账。而预防聚焦型团队的工作会那么缓慢，是因为，当你在不耐烦地敲桌子、纳闷他们什么时候能完成的时候，他们却在一遍又一遍地做检查。（法律部门有太多预防聚焦型的人，所以，他们会那么惧怕所有时间紧的任务。）

顺便提一句，我们并没有说乌龟一定会像伊索寓言里那样，打败兔子。预防聚焦型团队并不一定优于积极聚焦型团队，准确也并不一定优于速度。其实，更确切地说，在有些事情上，你需要兔子；在另外一些事情上，有一只乌龟会更好。

稳定与改变

令所有经济学家恼火的是，人们并不都是理性的。但是，人们的行为也并不是完全随意的，而是如丹·艾瑞利在其著作中所说的，人们具有“可预见的非理性”。最为人所知的一种可预见的非理性行为被称作“禀赋效应”，也就是说，一旦你拥有了某物，因为是你的，它对你会变得更加珍贵，你因此不想失去它。（所以，举例说明，卖房子的人总是认为房子比买家的出价更值钱。还有，你丈夫不愿意扔掉那件 1988 年听音乐会曾穿过的破烂 T 恤衫，总觉得“有一天还会有机会穿”。）

事实上，最近的研究表明，人们并不总是这样的。“禀赋效应”在预防聚焦思维的时候更明显，因为那时人们通常更关注如何避免损失。总的来说，预防性动机让我们更喜欢稳定（不损失）而非变化（可能损失），让我们不愿意在中途更换计划或策略。但是，当我们采用积极聚焦时，我们更愿意抛弃旧物，购买新物，或者放弃目前的事情而去尝试其他事情，毕竟，改变意味着获得某种东西的可能性。（在这些人看来，换份大奖品的可能性绝对不能错过。）

谈判

良好的谈判技能十分关键，但是，对大多数人来说，谈判的技巧不那么容易掌握，这是因为，谈判的过程总是充满冲突。当双方讨价还价时，买方需要适当妥协，克制尽可能出最低价的欲望，因为他知道，如果出价太低，谈判就会失败，卖方会甩手离去。

在就工资待遇谈判时，这一点也适用。经理们既想压低成本，又不想让自己手下最能干的人跳槽到工资更高的工作。雇员既想得到尽可能高的工资，又不想因为显得自视过高而陷入麻烦，或者在此过程中自取其辱。

如果你想在任何谈判中获得好的结果，必须一开始就拿出强有力（可退可守）的报价，因为这既是自己之后谈判的底线，又是参考系。在买车的时候，你最后不可能花比你的原始报价更少的钱，而你得到的工资待遇也不会比你刚开始索要的更高。但是，强硬的报价需要气魄，你需要克服那些看似合乎理性的担忧，如，是否太过分了，会让自己陷入尴尬，彻底失败，等等。什么样的动机能够给你必要的胆量？你猜对了，是积极进取性的动机。

在某项研究中，心理学家亚当·格林斯基和他的同事将 54 名工商管理专业的学生分组，每两个人分成一组，让他们展开有关药厂收购的谈判，学生们分别扮演“卖方”和“买方”，双方都知晓这次收购的具体细节，包括议价范围在 1700 万到 2500 万美元之间。

之后，格林斯基分别请学生们考虑谈判的行为、他们“希望”的结果以及如何“促成”此结果，或者，考虑他们希望“避免”的结果以及如何“避免”，借此，他希望操控学生们的动机聚焦。然后，每一对学生开始了谈判的过程，由买家先报价。

积极聚焦型买家的报价比预防聚焦型买家的报价几乎平均低了 400 万美元！他们愿意冒更大的险，因此，报价非常之低，而且，总体来说，这么做是非常值得的。最后，积极聚焦型买家买下药厂所花的价钱平均是 2124 万美元，而预防聚焦型买家则平均花费 2407 万美元。这个结果值得我们每个人思考：两个谈判者，每个人掌握的信息完全一样，面对的是相似的对手，可是，其中一个人却比另一个多花费将近 300 万美元。

积极心态能够帮助谈判者牢牢把握住（理想的）价格目标（在谈判术语中，也称为“理想价位”）。预防性心态则让人过多担心谈判失败或陷入僵局，从而使买家更容易接受对自己不太有利的协议。

企业家精神

成功的企业家需要在许多不同领域都有所擅长，他们需要拥有胆识，需要注意到机会的来临，还要愿意冒险采纳自己（以及他人）的某个点子。同时，他们也需要保持谨慎，准确评估市场，并能够以批判而实事求是的眼光对待自己的事业。因此，企业家成功的秘诀在于两种聚焦方式的共同作用：积极聚焦用来生成点子、冒险、抓机遇和迅速行动；预防聚焦用来评估点子、克服障碍和勤奋努力。如果领导者缺乏不同聚焦方式之间的平衡，企业（和商业公司）很可能会失败。没有积极聚焦以及它带来的远大理想，你的方法可能会偏保守，不会取得很大的成功。没有预防性聚焦以及它所伴随的对具体细节的关注，你的好点子可能永无出头之日。你需要两种聚焦型的人来帮助你，以做出涵盖所有领域的决策（或者，某个企业家身上，两种聚焦模式都有明显的体现，这是很少见的。）

谁是老板？

或者，更准确地说，谁是更好的老板？那个愿意冒险和创新的人，还是那个笃定坚持小心行船的人？在做事时，商界领袖们通常拥有毫不含糊的积极或预防性理念，例如，下面是两条来自成功的CEO（首席执行官）的明智建议：

> 当你创新的时候，你需要有充分的思想准备，每个人都会说你疯了。
>
> ——拉里·埃里森，甲骨文公司CEO

> 换句话说，创新（我们都同意，这是好事儿）需要冒风险。埃里森的意思是说，我们需要接受风险（并忽略那些反对者），这是志在取得成功的积极聚焦心态。但是，并不是每个人都同意：成功滋生自满，而自满导致失败。只有妄想偏执狂才能生存下来。
>
> ——安德鲁·格罗夫，英特尔公司前CEO

虽然大多数预防聚焦型的人都不会愿意将自己看作“偏执狂”，但是，他们一定会同意格罗夫的大致观点。可能我们更应该说，“只有谨慎的人才能生存下来”。自满（我们都同意，这是坏事儿）是必须要杜绝的错误，成功的公司不会因其成功而洋洋自得，或者开始耽于享受。它不敢放松，不敢给竞争对手迎头赶上的机会，它必须时刻想象：对手就在那里等待时机，以便在自己的公司不能维持市场份额的时候乘虚而入（那种可称之为“偏执狂式”的想象）。

现在你可能在想："打住，他们两个人不可能说得都对吧？"答案既是肯定的，也是否定的。如我们在前文所论述，任何一个组织想要成功，都需要积极聚焦型和预防聚焦型成员的共同努力，但是，研究表明，在某些情况下，某一种领导风格会更加有效。如何才能知道哪一种最有效？关键在于了解你的组织（或行业）的运行环境是相对稳定还是动态的。

在稳定的环境里，客户的喜好具有一定的可预见性。你知道他们想要什么，你对于他们明天和后天想要什么也相当有把握。技术上的革新几乎等于零，即使有变化，这些变化也非常缓慢。你也了解自己的竞争对手，非常明确你在同谁竞争。例如，几十年来，可口可乐公司的运营环境就相对稳定。人们需要软饮料，在可以预见的将来仍会需要软饮料。软饮料生产和销售方式的变化是比较缓慢的；另外，在过去几乎一百年里，可口可乐公司的竞争对手一直是百事可乐公司。（这两家公司占据美国软饮料市场超过 70% 的份额。）

动态的运营环境则相反，几乎一直处于变动之中。顾客的口味会突然发生变化，他们总是在寻找下一个新鲜事物。竞争对手此起彼伏，你甚至都不知道明年还会剩下谁。技术刚一出手就几乎落伍了。（我们的一个朋友还在使用四年前买的手机，那纯粹就是个电话机，不能拍照，不能上网，只能接打电话。朋友们总是为之惊叹，好像它是个远古时代的遗物，是从某个幽深的山洞里发掘出来的。）

如果你的公司从事的是个动态行业，你的应对必须迅速，需要时时创新。最近一项对小型公司 CEO 的研究表明，在充满快速变化的时期，积极聚焦型的 CEO 表现非常出色。在一个难以预测而变动不居的大环境下，他们的优势（如，行动迅速，敢冒险，提出有创意的替代计划，等等）至关重要。而在这种环境下，预防聚焦型CEO的工作非常不利，这也毫不奇怪。但是，在较为稳定的环境下，他们会比积极聚焦型的CEO更为成功，因为在稳定的环境下，成功的关键在于避免重大失误。

本书的一个重要观点是，关于如何看待自己的目标，存在两种完全合理的方式。你可能认为自己的企业需要聚焦于创造新机会，而你的同事则可能认为你需要关注如何与现有客户维持关系，你们两个都是对的！你们每个人可能都会认为自己的方法比对方的更重要，需要优先考虑，那么，你们两个就都错了。每个团队都应由两种聚焦型的人员组成，这样的团队才是每个机构成功的关键，但是，这也可能会造成内部的矛盾以及沟通不畅。

问题是，我们需要摒弃某一种方法（动机聚焦模式）比另一种方法更好或者更重要的观念。人类既需要他人的养育，也需要安全感，这样才能健康成长。企业（和团队）也同样既需要养育，也需要维持；既需要速度，也需要精确度。为了做到这些，我们需要尊重两种聚焦型同事的观点和奉献，为两种人的优势如此互补而心怀感恩。我们无法想象，如果没有雷和乔这样两种类型的同事来激励我们既敢于梦想又不会忽视细节，我们的动机科学研究中心会是什么样的。

第四章 聚焦孩子

我们应该如何养育孩子？可能没有任何一个问题能够激起比这个问题更激烈的观点或争论，也很难想象其他问题能够引发比这个问题更多的答案。和孩子同床睡眠，还是任其哭闹也要执行严格睡眠训练？重返职场，还是等孩子上学后再上班？让孩子看电视还是不让看？做“虎妈”（规定多，不让玩儿）、“培养孩子自尊的妈妈”（一直鼓励）还是“直升机妈妈”（“别担心，宝贝儿，如果你需要我，我就在学校外面的车里。你可以通过教室窗户向我招手”）？请记住，爸爸们也完全可以归入上述几种典型的育儿模式之中。

事实是，大多数的育儿方式都有各自的优缺点。我们都同意，忽视孩子和以各种形式虐待孩子，都是不好的育儿方式，应该不惜一切代价加以避免。但是，除此之外，什么是“最适合”你和孩子的育儿方式？这至少可以说是个重大挑战。

我们仅仅知道，教育孩子的方式（孩子们从父母、照料者和老师那里得到的指导和反馈）对于孩子将来如何看待世界具有重大影响，孩子们出生时的“性情”也很重要，尤其是因为他们的性情会直接影响他人与之互动的方式。所以，很自然地，在孩童期的我们就已经初具雏形：未来是成为更积极主动的，还是以预防为主的人。

他们知道什么，以及何时知道？

我们的主导性聚焦模式最早形成于婴幼儿时期，是在幼儿与父母和其他看护者之间不断的互动之中形成的。在童年和青少年时期，随着我们的自我观念与“我想成为什么样的人”意识的逐渐萌芽，我们的聚焦模式继续发展。为了理解这一过程，我们需要了解孩童的智力（尤其是他对自己所掌握知识的认识能力）如何发展。

婴儿期

在快一岁的时候（心理学家称这段时期为早期感知运动发展期），孩子们已经具备认识两个事件之间联系的能力，比如，他们自己的行为与妈妈的反应：如果我哭，妈妈就把我抱起来。如果我一直哭，我就有吃的。如果我微笑，妈妈也会对我笑。这样，他们能够预测看护人的行为，并得到自己想要的反应。认知这种简单联系的能力就是将来所有学习的基础，学习了解我们自己，了解我们周围的世界。

在此早期阶段，孩子们会体验到两种积极和两种消极的心理情境，这将奠定其后来的积极与预防聚焦模式的基础。

1. 积极结果的存在。比如，孩子嘴里含着奶头的时候，或者玩躲猫猫游戏时看到妈妈脸的时候，这些体验与满足和快乐相联系。这是积极聚焦型的“好”。

2. 消极结果的缺失。比如，当孩子受到一条吠狗的惊吓，或者因为消防车的警笛而烦恼的时候，妈妈将他抱了起来。这些体验让孩子感到平静和安全，得到了安慰。这是预防聚焦型的“好”。

3. 积极结果的缺失。比如，当妈妈停止玩躲猫猫游戏去接电话，或者孩子想找的玩具找不到了。孩子会因此感到伤心失望。这是积极聚焦型的“坏”。

4. 消极结果的存在。比如，当一个可怕的陌生人抱起了孩子，或者要打预防针的时候，这会让孩子感到不安和恐惧。这是预防聚焦型的“坏”。

所有的幼童都会有上述种种体验，当然，有些孩子体验到的某一种情境可能会多于其他，但是，两个具有相同体验的孩子对这些体验的敏感度可能并不相同。这就是心理学家所谓的“性情”。我们有些人生来会对积极的刺激（如微笑、食物）更敏感，这叫作“积极易感性”。其他人则生来对消极的刺激（如可怕的陌生人、乱叫的喇叭）更敏感，这被称为“消极易感性”。积极和消极易感性都具有很强的遗传性（由我们的基因所决定），并且相对稳定（由于人生经历的不同，我们的性情可以并且经常会发生一些变化），更重要的是，许多幼童对于某些父母—孩子之间的互动会更加敏感一些。

实际上，研究表明，具有更强的积极易感性的幼儿更可能成长为积极聚焦型的人，这是因为他们更关注积极结果的存在或缺失，也更易受到这些结果的影响（如，妈妈在和我玩躲猫猫，她不玩了，她去接电话）。同样的，具有更强的消极易感性的幼儿则可能更关注消极结果的存在或缺失（如，妈妈带我去打针，她事后会安慰我），这将导致较强的预防聚焦心态。

可见，孩子们的主导性动机并不仅仅是父母（或其他看护人）对他们行为的反应的结果，这是因为他们对待不同事件的敏感度不同，这些敏感度会影响父母和他们互动的方式。请务必记住，婴儿们并非真正的白纸一张，他们也不仅仅被动接受父母所给予他们的。他们生来就带有不同的敏感度，这些敏感度都会作用于他们将受到的教养，比如，具有较强的消极易感性的婴儿可能更容易引发他们父母的预防性心态，这些父母在避免可能引发孩子焦虑的行为方面可能会更加谨慎。

幼儿期

在一岁半和两岁之间的某个阶段（后感觉运动与早期相互关系发展时期），孩子们对事件的认知能力会发生巨大的变化。他们会考虑事件之间的因果关系，并不仅仅是他们自己的行为与看护人的反应之间的关系，还包括他们自己对那个反应的反应。这样，他们就能够记住，如果他们不好好吃饭或吃得乱七八糟的时候，妈妈会冲他们大喊，而妈妈大喊的时候，他们自己会伤心或害怕。

孩子们在认知能力方面的进步对自己有极大的好处，这意味着他们具备了自我调节能力，可以为了创造和控制某个结果而调节自己的行为。现在，他们可以刻意地选择自己的行为、反应或者外表，以促成好事情的发生或者避免坏事情的发生。因为他们在行动之前已经能够预测某行为对自己的影响，所以，为了更重要的事情，为了得到他们更想要的东西，这个阶段的孩子更加能够控制自己某一时刻的冲动。（有时候，他们最想要做的事情是，丝毫不考虑后果地将巧克力汁倒进你的鞋子里，或者用记号笔在墙上写字。所以，还有很多难题需要解决。）

早期儿童期

在四岁到六岁之间（后期相互联系和早期维度发展时期），孩子们认知能力的另一个巨大变化发生了：他们能够进行换位思考了。也就是说，他们能够从他人的角度进行思考，能够推断他人的思想、期望、动机和意图，并且能够改变自己的行为，以迎合他人的价值、喜好或期望。

很自然地，孩子们希望了解看护人喜欢自己什么样的表现。他们既可以通过看护人对自己某项行为的反应来了解其喜好，也可以通过观察看护人对他人的行为的反应来了解其喜好。比如，看到父母对自己的兄弟姐妹们的行为的反应，孩子可以推测出他们的妈妈喜欢何种类型的行为。如果姐姐翻动妈妈的钱包被妈妈大骂一通，那么妹妹下次做这事之前可能就得好好想想了。

这些知识，如妈妈希望我懂礼貌，妈妈喜欢我说“谢谢你”，我把东西弄乱了妈妈会生气，等等，构成了孩童的第一次自我向导。

三个自我概念：现实自我、理想自我与应该自我

人们一般会以为每个人只有一个自我概念，某个关于自我认知的连贯一致的观点。其实不然，我们不是只有一个自我概念，

而是有三个。这三个自我概念共同指导我们做决定，引导我们的行为。那么，如果你想重返校园去读个硕士学位，你的自我概念会提供给你一些有用的信息，让你能够做出决定。(这是我妈妈希望我做的事吗？这是我自己觉得应该做的事吗？)

这三个自我概念中的第一个叫作现实自我，即你对自己目前所拥有品质的认知。如果你认为自己的运动天赋处于中等，烹调水平中下等，做朋友中上等，这些就是基于现实的自我概念。理想自我指你对自己希望拥有的品质的认知（如，你对你自己的希望、愿望和期望）。如果你（或你的父母）梦想让你成为体育明星、超级大厨或者出色的朋友，而你做不到的话，你们会感到失望，这就是你的理想自我向导。最后，应该自我指你对自己应该成为什么人的认知（如，你有责任或义务拥有的品质或能力）。如果你（或你的父母）认为，你应该成为体育明星、超级大厨或者出色的朋友，而你做不到的话，你会感到没有尽到自己的责任或义务，这就是你的应该自我向导。

现实自我就是我们通常所认为的“自我概念”，或者“我是谁”的问题，但是，理想自我或应该自我才能够回答诸如“我想成为什么样的人”一类的问题。理想自我和应该自我的功能类似于我们经常进行比较的目标或标准（我够好吗？我还需要更努力吗？）。你可能认为你烹调水平极差，但是，这并不要紧，除非你的理想自我或应该自我向导是成为一名超级大厨。如果是的话，你会觉得自己的现状很糟，会产生立即投入行动、减小现实（把面包烤焦）与理想（会做蛋奶酥）之间差距的动力，也就是说，你需要缩小现实自我与理想自我的差距。

如果理想自我和应该自我代表了你想成为的那个人，那么，我们如何决定这个人将会是什么样的？每一种自我都将具有什么样的品质？我们的自我向导来自哪里？我们最初的自我向导其实是自己对于他人的期望的认知，当我们还是小孩子的时候，父母对于我们最好或应该成为什么样的人的观点会引导我们的行为。（从早期青少年时期开始，我们有了更加独立的观点，但是，我们仍旧会受到他人观点的巨大影响，包括我们同伴的影响。）

理想自我向导的诞生

> 我最大的幸福就是能够看到你优秀且卓有成就，我在世上最大的痛苦则是这个希望的破灭。如果你爱我，那么，无论在何种情况下，都努力向上吧。
>
> ——托马斯·杰弗逊 1783 年写给 11 岁女儿玛莎的信

杰弗逊总统这样的家长一想到孩子，总是想到自己希望孩子成为什么样的人，总是联系到自己对于孩子的期望。这样的家长更倾向于以积极结果的存在或缺失来影响孩子的行为。比如，在雷小的时候，如果他的行为未能达到妈妈的期望，她会感到失望和不满。如果父母从孩子身边拿走什么，诸如关心、甜点或玩乐的机会，孩子会感到很糟，这是积极结果的缺失。当然，如果雷的表现正是他妈妈所希望的，或者更好，她会表扬他，爱抚他，这是积极结果的存在。

在参议员爱德华·肯尼迪的书《真正的指南针》中，他回忆起小时候他父亲对他说的话："你可以认真地生活，也可以玩世不恭地生活，泰迪。无论你如何选择，我都会爱你。但是，如果你决定玩世不恭，我可没有多少时间给你。你自己决定吧。家里那么多孩子都在做我感兴趣的事情，对你我可就没什么兴趣了。”这明显也是一个积极—理想型教育方式的例子。如果泰迪做点有趣的事情（他父亲的理想），他会得到关注，老肯尼迪家所有的孩子都希望得到的关注。如果他不做什么有趣的事情，父亲就不再关心他了。泰迪听取了这个警告。可见，理想型的教育方式意味着用积极结果强化理想的行为，以剥夺积极结果做威胁，以避免不理想的行为。

孩子形成了较为强烈的理想自我向导后，他们总体的积极动力也增强了。这样，理想型的教育方式能够培养出的孩子（平均说来）更加具有创造力、志向更为远大、更加自信并且能够更加积极热切地应对挑战。

应该自我向导的诞生

> 我宁愿看到你葬身海底，也不愿意看到你成为一个浪荡子或者不知感恩的孩子。
>
> ——阿比盖尔·亚当斯 1780 年写给 11 岁儿子的信

亚当斯夫人这样的家长，一想到自己的孩子，总是想到他们应该成为什么样的人，总是想到孩子的责任义务应该是什么。这样的家长更倾向于通过消极结果的存在或缺失来影响孩子的行为。在乔小的时候，如果他违反了妈妈关于他应该如何举止的规定，他通常会受到批评或惩罚（如，严厉的言辞、罚做家务活、讨厌的干涉等)。如果他遵守那些规定，不犯错误，他就可以躲过以上种种，平平静静地做自己的事。可见，如果父母从孩子身边撤走这些坏的东西，诸如严厉的言辞、额外的家务或者讨厌的干涉，孩子会感觉很好，这是消极结果的缺失。乔表现好的时候，他的奖赏就是这个。与理想型的教育方式不同，应该型的教育方式意味着以剥夺消极结果的方式强化孩子的行为，再施加以消极结果来惩罚或弱化孩子违规的行为。

孩子形成了强烈的应该自我向导后，他总体的预防性动力会增强。应该型的教育方式教育出的孩子（平均来说）会更加具有分析能力，更能够延迟自己的满足并遵守规则，也更有组织性，更加严谨细致以避免犯错。

有的向导更加强烈

所有的孩子都会形成自我向导，但不是所有孩子都能形成强烈的向导。这一点很重要，强烈的向导既能随时为你服务（你的大脑经常想到它，并定期加以参考)，又能提供强大的动力。微弱的向导则容易被忽略或让你视若无睹。(“是的，我是隐约觉得我应该按时做作业，努力学习，可我并不太在乎。”）研究表明，强烈的自我向导来自于父母的反馈，它们具有以下特征：

1. 经常。在强化向导方面，这一点至关重要。花更多的时间来处理孩子的某个行为（积极与消极方式均可），提醒孩子注意此行为，或者谈论自己对孩子的“理想型”或“应该型”期望，这样的家长培养的孩子具有更强的自我向导。由于家长都有各自的主要教育方式，某个向导经常会强于其他向导。这个主要的教育方式与家长的教育方式是倾向一致的：或者是满足渴望型的，或者是履行义务型的。

2. 一致性。总体来说，一致性是一切学习的关键。如果这一次因某种行为表扬或惩罚了孩子，下一次却什么都不做，他们会对你所传达的信息感到迷惑。父母如果公开表达不同意见，向孩子传达希望他们做什么或他们应该做什么等不同的信息，也会削弱孩子自我向导的力量。

3. 清晰。父母如果将自己的规则、态度和如何应对孩子行为的理由讲得清清楚楚，这种清晰度有助于加强孩子的自我向导。如果你的父母希望你将来长大当医生，或者认为你应该成为医生，如果你也知道当医生意味着什么，你就更有可能接受他们的观点，并将其纳入你自己的自我向导；而且，如果你的父母把做医生意味着什么明确地讲给你听，你就能够更好地理解这一点。

4. 让孩子认为此事至关重要或者影响巨大。你的行为必须能够产生严肃的后果，才能让孩子从中学到有意义的东西。如果你的孩子认为你提供给他的那些积极结果并不那么好，或者你威胁要使用的消极结果并不那么糟糕，那么，这一切不会有什么长期的效果。那些能够引起孩子注意的应对之策才能让他们觉得此事重要或者后果严重，所以它们才是你真正需要的，用以增强他们的自我向导。

总之，那些更投入、对孩子行为有更及时应对的父母才最有可能灌输给孩子强烈的自我向导。不够投入（如，忽视孩子，或者不能为孩子提供心理方面的安慰指导）的父母只能给孩子较弱的自我向导，这是因为投入不够意味着对孩子行为的应对不够经常化。如果父母非常纵容孩子（如，孩子的任何心血来潮都容忍和接受，极少对孩子提要求，不立规矩或不限制孩子）或过度保护孩子（如，监督、限制和控制孩子的一切行为），孩子也不太可能形成强烈的自我向导，这是因为，无论孩子怎么做，纵容或过度保护孩子的家长都只有一种应对方法，他们要么没有什么反应，要么过度反应。如果家长对孩子行为的反应没有什么区别的话，他们发出的信号就不够清晰。如果无论孩子做什么，家长的反应都一样，孩子怎么会知道父母期望他做什么呢？

我们还需注意，并不是只有父母才有极大的动力让孩子达到自己的期望或者要求，孩子们自己也有很大的动力来达到父母的期望或要求，特别是孩子比较小的时候。例如，我们可以读一读托马斯·杰弗逊和女儿玛莎之间的信件。玛莎还只有十几岁的时候，杰弗逊写信给她：

> 在这个世界上，没有人能比你更有能力令我快乐或悲伤。我对你寄予了很高的期望，不过，这都是你能够达到的期望。我毫不怀疑你的感情或性情，你缺少的仅仅是勤奋和决心。请再努力些吧，我亲爱的孩子。有了决心和勤奋，没有什么是不可战胜的，你一定能够成为我所期望的那样。

玛莎的回信显示，她有多么希望自己能够成为父亲所希望的那样：

您说您对我的期望很高，但不会高过我的能力。那么，请您放心，亲爱的爸爸，您一定会满意的，因为，就像我所能够尽力做的其他事一样，我最珍视的就是您的满意，如果不能令您满意，我会痛苦万分。

青少年时期：重塑自我向导

到这个时期，事情真正复杂起来了。最初，父母对你的希望是最重要的，但是，到了青少年时期，来自同伴的影响越来越大，有时候，甚至比父母的影响还要大。许多青少年，特别是年龄较小的那些，会觉得很难调和父母和同伴之间往往互相对立的要求。（父母认为，放学后我应该将所有时间花在写作业上，可是，我的朋友觉得这么做不够“酷”。谁说得对呢？）这会导致不确定和迷惑。我希望做什么？我应该做什么？诸如此类的问题，其答案通常不会只有一个，就看我当时考虑的是谁，因此，问题就变得更加复杂。

有证据表明，青少年时期经常伴随着不确定、身份混乱和叛逆，当然，每个人都亲身度过了此时期，这个事实本身就是你所需要的全部证据。但是，尤其是具有自我向导冲突的青少年（如来自妈妈的应该型自我向导与来自好朋友的理想型自我向导的冲突），和那些没有此问题的少年相比，前者更容易长期受到难以抉择、身份混乱、容易分神以及叛逆等问题的困扰。帮助你家的孩子发现并解决此自我向导的冲突，比如，留出时间做作业和同朋友一块出去玩之间的冲突，能让孩子更加顺利地度过这个阶段。

如果达不到自己的自我向导，会怎么样？

简单的回答是：你会感到很糟糕，有时候甚至糟糕透顶。现实自我（你现在怎么样）和理想自我或者应该自我的差距会让你产生负面情绪。向导的力量越大，你的负面情绪越强烈。达不到我们自己的自我向导会让我们感受到担忧、紧张甚至严重的焦虑等情绪。如果这些情绪不太极端，还有可能最后会变成好事，但是，感觉糟糕本身能够反映出我们不如预想的那么成功，并且能够鼓励我们采取行动，追逐自己的理想和目标，这必将进一步消减我们的这些负面情绪。

当然，除了采取行动力争达到目标之外，还有其他方法可以消除我们的负面情绪。首先，你可以改变自我向导，即调整你的自我向导，这样，你的现实自我就和你的目标一致了。比如说，你的目标是 30 岁之前成为百万富翁，你现在已经 29 岁了，而你的银行账户余额距离七位数还差得远呢，那么，你可以将目标改为“40 岁时成为百万富翁”。这么做不仅合情合理，而且从心理学的角度来说，也是正常的，我们在制定目标时总是不太切合实际。况且，通常来说，我们的自我向导可以也应该随着我们的学识和经验的增长而加以调整。十年前觉得自己应该成为什么人，现在你不一定还想那么做，这是非常自然的，也是健康的。

另外两种消除负面情绪的方式从长远来看不是很适用。你可以实施自我欺骗，在不能实现目标的情况下，让自己觉得正在实现自己的目标。这基本就是否认现实，我们不推荐这个方法，因为它只是短期策略，不会给你带来任何进步。你还可以脱离自己的自我向导，降低它的重要性，忽略它。在这种情况下，你基本是在削弱自我向导，也不是个好主意。

强烈的自我向导是好事吗？

总体来说，是这样的。拥有强烈自我向导的孩子可能会更加顺从、更温和，也更加负责任。他们更可能会做出心理学家所谓的“亲社会行为”：帮助、分享和合作。他们对“我是谁”以及“什么对我更重要”等问题的认识更一致、更稳定，并且可以利用这一认识来成功地游刃于社交世界。除此之外，拥有强烈自我向导的孩子成就也更大。自我向导较弱的孩子可能会比较叛逆，富有进攻性，缺少社会责任感，不太可能做出“亲社会行为”，成就也较小。

不过，为了公平起见，并不是说强烈的自我向导没有一点副作用。在动机这件事上，没有绝对的好和坏，而是一个平衡的问题。如果我们不能实现目标，强烈的自我向导会给我们带来负面情绪，所以，毫不奇怪，这些负面情绪后来可能会发展成抑郁和焦虑。这就是我们为自己确立宏大目标时不得不冒的风险，总会有达不到此目标的可能，而那时我们会感觉很糟。

抛除这个副作用，很难想象，如果没有为之奋斗的目标，人们怎么可能会拥有令自己满意而有意义的生活。为了成功，我们需要一个自己认为重要的自我向导（包括我们与他人共同的向导）。如果说，偶尔的糟糕情绪就是我们为强烈的自我向导所付出的代价，那么，总的来说，这个代价是值得的。但是，如前所述，有时候，对有些人来说，其自我向导可能会变得过于强烈和苛求。如果是这样的话，应该适当削弱其力量，亲密朋友（或心理咨询师）能够帮助我们做到这一点。

你是哪一种家长？

“做这个，不要做那个。”我们每天对孩子说的话里，这样的话占了一大部分：收拾好你的玩具。不要推你妹妹。吃你的豌豆，别把它们塞进鼻子里！对爷爷说“谢谢”。不要叫你弟弟傻瓜。等等。

短时期内，我们都希望孩子能够听我们的话，但是，这种笼统的目标含有两方面的内容。第一，我们希望他们能够明白这个世界是什么样的。将手放在热东西上，你会被烫伤。冲人微笑，他们会觉得你友好，会更喜欢你。把东西写下来，否则你会忘掉。学习时间越多，学识越大。父母教育的一大部分就是解释这些规则，让孩子明白，做什么与不做什么都会产生某种结果，有些结果好，有些结果不好。“如果你做 A，那么 B 就会发生”；“如果你不做 X，那么 Y 就会发生”。

父母教育的第二个目的是灌输价值观和目标，这些价值观和目标能够让孩子感到有成就，并且能够帮助孩子成为有用又有尊严的人。我们希望孩子能内化这些价值观和目标（将其变成自己的），这样，当他们长大独立之后，这些价值观和目标就能够指导他们的行为。刚开始的时候，我们替他们做决定，但最终，他们需要学会如何为自己做出最正确的决定。

积极聚焦（理想型）和预防聚焦（应该型）的教育方式之间的区别并不在于你教给孩子的价值观。这两种父母有可能希望教给孩子同样的价值观和目标，比如说，在学校考个好成绩、与他人大方分享、懂礼貌，等等，但是，他们传递给孩子这些信息的方式却可能大相径庭。如我们所了解的，是传递方式，而非内容，塑造孩子的主导性动机模式。积极聚焦型的教育方式通过强调正面的东西（其存在或缺失）来传达信息，而预防聚焦型的教育方式则侧重那些潜在的负面的东西（其存在或缺失）。看看下面的例子，你就会明白的。

信息：在学校考个好成绩很重要

积极聚焦型

如果你学得好，我会非常以你为豪！

（积极结果 = 父母的喜爱）

如果你学得好，你就可以从事你喜欢的任何职业！

（积极结果 = 进步的机会）

预防聚焦型

如果你学不好，你会惹上大麻烦。

（需要避免的消极结果 = 父母生气和可能的惩罚）

如果你学不好，你将来找不到工作。

（需要避免消极结果 = 工作没保障）

信息：懂礼貌很重要

积极聚焦型

如果你有礼貌，无论到哪里，你总会受欢迎。

（积极结果 = 社会接受度）

预防聚焦型

如果你无礼，没人会喜欢你。

（需要避免的消极结果 = 社会的抛弃）

你的方法更像哪一种？请记住，所有的家长都会使用两种方法。你要关注的问题是，哪一种方法对你来说更典型？如果你还不太有把握，请继续回答下列问题：

积极聚焦型

和你认识的其他家长相比：

你表扬得多吗？

你的孩子做得好时，你会特意说你有多么骄傲吗？

你的孩子表现不好时，你会漠视他吗？

你的孩子是否担心会让你失望？

你是否鼓励你的孩子要自信乐观？

你和孩子玩游戏时，你是否试图让他赢（鼓励孩子要自信乐观的另一种方法）？

预防聚焦型

与你认识的其他家长相比：

孩子表现不好时，你是否以多做家务活（或其他讨厌的任务）来惩罚他们？

你是否有时很严厉或挑剔？

你的孩子是否很小心，不想惹你生气？

你要求严格吗？

你是否鼓励孩子要现实一些，把事情都考虑清楚？

你和孩子玩游戏的时候，即使孩子会输，你也遵守规则吗（鼓励孩子要现实一些的另外一种方法）？

许多家长在两组问题里都能看到自己的影子，但是，其中一组问题很可能更贴合你的做法，这就是你的教育方式。

你可能会想，你自己的主导性动机聚焦模式是否能够预示你的教育方式？也就是说，在与孩子的互动中，积极聚焦型的家长是否更可能会采纳积极聚焦型的教育模式？有趣的是，几乎没有什么直接的研究来试图回答这个问题，但是，有证据让我们相信：积极聚焦型的老师比预防聚焦型的老师更多地表扬学生，而后者在课堂上则更可能运用惩罚。

由此，我们可以推断，总体来说，那些从“理想”（或“应该”）的角度思考问题的人，在考虑自己孩子的时候，也会从相应的角度出发。

我（希金斯）总体来说是个积极聚焦型的人，我的教育方式也是积极聚焦型的，比如，在玩游戏的时候让孩子赢，但我妻子的教育方式更倾向于预防聚焦型，包括在玩游戏的时候严格遵守规则，哪怕孩子有时会输。我们的女儿凯拉 10 岁的时候，她告诉我：“妈妈比你聪明。”我当时想：“唉，比我聪明就聪明吧，我还要继续这样玩的。”可是，后来她又说：“妈妈游泳游得比你快，跑得比你快，还比你有劲儿。”这个我就不愿意接受了。我问凯拉她为什么这么想。她说：“每次我们一起比赛游泳、赛跑或者掰手腕，妈妈总是赢我，我又总能赢你！”确实，这就是我的积极聚焦型教育方式的副作用了。

我们应该牢记，即使家长的教育方式很可能与其动机聚焦模式是一致的，事情也总会有例外的。有时候，我们对父母的教育方式提出抗议，我们会感觉，如果当时对自己多一点表扬或者多一点纪律，我们也许受益更大，因此，我们会下决心在教育自己孩子的时候，自己一定要那么做。可见，你的主要动机聚焦模式能够提示你，你可能会是（或成为）哪一种父母，但这并不是这个问题的全部。

哪一种教育方式更好？

没有哪一种更好。（你自己也一定知道这个答案）读完这本书你会明白，积极聚焦和预防聚焦各有其优势和劣势，至于哪一个对你和你的家人更好，这与价值观有关。但是，我们能肯定的是，如果走极端了，无论哪种教育方式都很糟糕。

积极聚焦型教育方式侧重以爱（如，关心、表扬、喜爱等）来奖励好的行为，以不示爱来惩罚坏的行为。可是，如果爱太多了，变成了溺爱，或者，如果你的不示爱变成了漠视，孩子可能就形成不了足够强烈的自我向导，孩子将来会付出代价的。

积极聚焦型教育方式

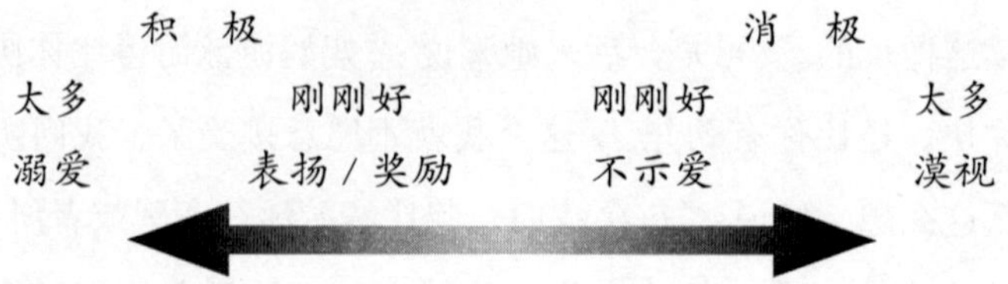

积极		消极	
太多	刚刚好	刚刚好	太多
溺爱	表扬 / 奖励	不示爱	漠视

预防聚焦型教育方式侧重以和平和安全来奖励好的行为，利用批评和惩罚来阻止坏的行为。但是，如果过于担心安全问题，就变成了过度保护；而当惩罚过度时，就变成了虐待，孩子也不会形成强烈的自我向导。他们将缺乏驰骋于自己未来世界的知识、技能和自信。

预防聚焦型教育方式

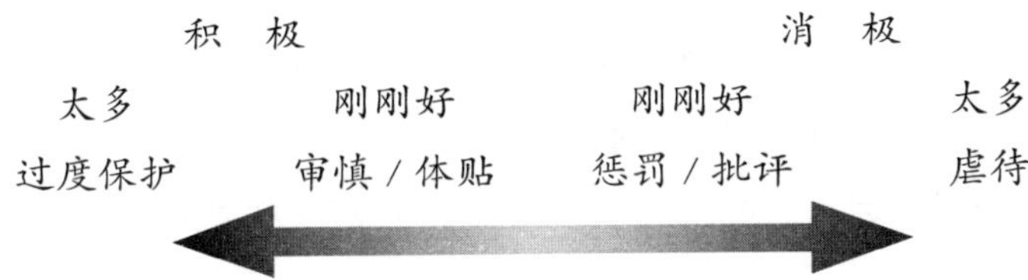

所以，在教育方面，适度非常重要，积极聚集与预防聚焦之间的平衡也同样重要。孩子可以同时成为积极聚焦型的和预防聚焦型的，这样，他们在实现自己目标的过程中可以同时运用既热切又警惕的策略。如果家长在教育孩子时，能够同时运用两种聚焦模式，帮助孩子形成较强的理想型和应该型的自我向导，他们将学会足以在任何领域收获成功的技巧。

塑造孩子的聚焦模式

你的孩子进入十几岁的时候，你可能会注意到某个主导性聚焦模式的征兆了。（请注意：积极心态在青少年中很普遍，但也有很多预防心态的青少年。）他喜欢冒险吗？他是否有个日程安排表和待处理事务清单？他是否有时陷入压抑或焦虑？他做事很快还是缓慢但完美？他是乐观向上的还是防御悲观的？

如果你想帮助他们实现自己的目标，那么，你一旦看出清晰的苗头，就应该调整你对孩子的态度了。这里有两个方面需要考虑：他们如何做事情以及你如何应对。

1．让他们以自己的方式做事。

你不理解为什么你儿子做事时总是想尝试新方法，而不是用以前用过的方法。你不懂为什么你女儿的英语论文要改五稿，其实第一稿已经够好的了。那些可能并不是你做事情的方式，但这并不意味着那不是好的方式。只要他们得到自己想要的结果，你应该尊重他们选择自己认为正确的做事方式的权利。

2．给他们反馈时要考虑他们的动机。

如果你太过于强调他那雄心勃勃的计划中可能会出问题的部分，你可能就会给一个十几岁孩子的热情之火泼冷水。如果你告诉你那预防聚焦型的孩子去“放松一下，好好玩一下”，你可能会让他感到沮丧不安。当孩子的聚焦模式与你自己的聚焦方式不同时，事情会变得尤其困难，那时，你想听到的可能并非是他所需要的。理解孩子的动机性语言非常关键，既可以劝服他们制定正确的目标，也可以鼓励他们在面对挫折、受到干扰或者遇到其他挑战的时候能够继续努力去实现目标。在本书之后的内容，你将会学习如何掌握积极聚焦与预防聚焦的语言，从而影响和鼓励自己的孩子。

好的教育方式中的波折

汤姆和妻子瑞秋有个非常出色的女儿，叫艾什莉，现在 12 岁了。艾什莉善良、大方，能像脱口秀演员那样讲笑话。她还擅长跳舞、写诗，学习成绩优异。汤姆和瑞秋非常爱自己的女儿，一直都为她感到自豪。几年前，艾什莉开始害怕昆虫，连苍蝇那么小的都害怕。她的阅读速度下降了，她会一遍一遍地重读某一句话。她看起来不再那么开心，还有点打蔫。有一天，汤姆看到，艾什莉在打开家门之前把袖子拽下来，护住自己的手（避免碰到细菌）。这一幕对他打击很大：艾什莉出问题了。汤姆和瑞秋决定和艾什莉谈谈，想知道她的感受如何。艾什莉告诉他们，她每天的绝大多数时间都非常不开心，她脑子里有很多自己控制不了的想法，这些想法令她心神不安。听到这些，汤姆和瑞秋都各自在想："我哪里做错了？"

他们二人明白，一定是哪里做错了，否则他们优秀的女儿不会出现这样的问题。如果他们一直是自己希望的那么优秀的家长，艾什莉就不会受这样的折磨了。

孩子遇到了严重的人生问题，这是许多家长曾经有过的经历，尽管这些问题的性质或出现的时间不同。无论出现什么问题，何时出现，家长们的反应基本和汤姆、瑞秋一致：我哪里做错了？家长们有如此反应并不奇怪，他们总是希望给孩子最好的东西，希望孩子学习好，身体棒，善良体贴，又容易相处。我们的文化也告诉我们，如果你是好家长，所有这些目标都是可以达到的。

让我们看看有关孩子教育方面的书吧，这方面的书非常多，但基本都有一个共同的主题：如果采纳书中的建议，家长们就能学会如何培养出优秀的孩子。这些书籍，连同育儿杂志、电视节目等的专家们，都在教给人们如下“标准育儿课”：家长的教育方式要么对孩子有益，要么对孩子有害；好的教育方式将在孩子身上结出丰硕的成果，而差的教育方式则让孩子付出沉重的代价。

这个标准育儿课实际上隐含了两层意思。首先，存在好的教育方式，它对孩子益处多多；其次，这种“好的教育方式”只有好处没有坏处，所以，如果你的孩子出现了严重问题，那么你的教育方式肯定有哪里不好了。我们不同意以上观点，读到现在，你一定也明白了：所有好的教育方式也有个平衡的问题，孩子们的积极聚焦性动机（积极聚焦型教育方式的结果）和预防聚焦性动机（预防聚焦型教育方式的结果）都是既有好处也有代价。

没有哪种教育方式对孩子只有好处，没有坏处。是的，确实有糟糕的教育方式，如我们前面提及的漠视或虐待孩子，但是，好的方式却不止一种。当问题出现时，孩子受苦，家长受折磨，不过你所看到的只是好的教育方式的一个副作用而已，假以时日，其益处会再次显现。不要放弃你的好的教育方式，你的孩子需要这个。请继续保持对孩子的关注。

第五章　聚焦爱情

积极聚焦型的人来自火星，预防聚焦型的人则来自金星，或者反过来说也行。不管你想用哪个行星做比喻，很明显，这两种人恋爱的方式迥然不同，正如他们做其他事的方式都有明显差别一样。再次声明，这并不是因为他们在恋爱中的目标不同，实际上，他们需要的东西完全相同：承诺、亲密、信任和支持，但是，他们需要这些的理由不同，而且，他们追求这些目标的策略也不同。这些也都有一个平衡的问题：在爱情关系中，积极聚焦和预防聚焦都各有优劣。如果你想知道，为什么你的情路顺利或者不顺利，了解自己的主导性动机对恋爱关系的影响可谓一个好的开始。

如何看待爱情

在感情的问题上，我们都需要同样的结果：建立亲密关系（亲近感和归属感），避免分手和孤独感。如果你带着积极心态看待爱情（和你看待其他事情一样，侧重你的所得），你考虑的就是你希望获得的那种心意互通的感觉，那是你理想中的爱情。因为有人与你分享，所以，海滩的漫步、温柔的拥抱等的乐趣会增加一倍。

爱情给予你种种新的体会：激情、个人的成长、满足和幸福。这样的爱情在诸如《托斯卡纳艳阳下》《美食、祈祷和恋爱》以及李察·基尔主演的电影里被大加赞颂。这样的故事对浪漫爱情大力渲染，对现实的日常生活则通常轻描淡写。

预防心态的人同样需要爱情，但是，他们通常会将爱情看作安心和安全的源泉，这种安心和安全感来自你和另一个人心意相通、彼此负责的感觉。他们憧憬的是在困难时期有人可以依赖的那种感觉。爱情是可以依靠的臂膀、安全的港湾，是共建新生活的坚实基础。《金色池塘》《尽善尽美》和《当哈利遇到萨莉》等电影向我们展示了这种爱情——产生于双方在一起时的舒适、信任和共同经历磨难之后的爱情。

这两种看待爱情及其作用的方式，能够改变我们对于亲近和分手的看法。积极聚焦型的人将亲近看作促进他们关系向前发展的手段，亲近让彼此的关系更深入、更有意义。彼此的亲近，在某种程度上，可以开启更多的机会，让彼此获益，令彼此兴奋满足。（我们两个人的关系越亲近，我们就越幸福。）而预防聚焦型的人将亲近看作维持双方关系的保障，能够增强双方之间的纽带。在每对伴侣都必须一同走过的崎岖道路上，亲近感能够给我们带来保护，还令我们更加舒适和自在。（我们越亲近，我们就越可能维持目前的关系。）

同理，积极聚焦型的人希望能够避免分手的结局，他们觉得分手会剥夺他们本来可以享受的各种好处，也就是说，分手会让他们丧失幸福的机会。断绝关系是郁闷和忧伤的源泉。（想想不分手该有多好！）

而预防聚焦型的人却将分手看作痛苦的损失或者背叛，是对他们的安全感的巨大打击。他们会感到无所适从，感到真正的焦虑和恐惧。（我觉得那么孤立，那么脆弱。）这样两种看待爱情如此不同的人，他们谈恋爱的方式迥异就一点也不奇怪了。

开始

唐璜，詹姆斯·邦德，摩托酷男方仔（the Fonz）。女人爱他们，男人想模仿他们。他们自信、魅力十足，甚至以为自己刀枪不入。他们看上的女孩，可谓手到擒来。他们这些著名（必须承认，虽然是虚构的）的风流才子从来不缺少女伴，当然，也没有哪一个女人曾跟他们天长日久。对于这些大名鼎鼎的情圣，别处的芳草总是显得更加翠绿。想猜猜他们的主导性聚焦模式吗?

每一段恋爱关系都从最初的接触开始，某一方表白自己的心意，希望自己的感情能够得到回应。我们很多人都不那么愿意去冒表白的风险，我们明白会有被拒绝的可能性，而被拒绝的后果是很痛苦、很尴尬的。所以，积极聚焦型的人，这些天生的冒险者，更容易开启一段新感情，这丝毫也不奇怪。错过谈一场恋爱的机会？这个想法比听到下面的回答更可怕：“和你一起出去？你开玩笑吧？”

当积极聚焦型的单身族遇到他们喜欢的人，他们比预防聚焦型的人更有信心自己是受欢迎的。（而且，更乐观地相信：如果现在自己还不受欢迎，很快就会受欢迎了。）这一认识给了他们勇气，他们会更多地公开调情。（很明显，这个美女对我有兴趣，我得大展魅力了。）举例说明，我们研究中心的成员丹·莫尔顿和他在西北大学的同事们的研究表明，积极聚焦型的大学生明显更关注他们可能的约会对象，更可能会流露自己的兴趣，也更可能会开始一段感情。这样的人会更急切地“把事搞定”。

在一个非常有意思的案例中，莫尔顿研究了主导性动机对那些快速相亲者行为的影响。（快速相亲就是指每个人与相亲对象只面谈 3 分钟。你和你的相亲对象坐在一张小桌旁，房间里还有许多对男女坐在这样的小桌旁。3 分钟一到，铃声响起。你就得转移到下一张桌子。这样，一个小时左右的时间里，你可以和 20 个相亲对象见面。你在打分表上给他们评分，然后，你可以选择给你最喜欢的人打电话，敲定一场真正的约会。）莫尔顿发现，与预防聚焦型的人相比，积极聚焦型的快速相亲者与相亲对象调情更公开，快速相亲过后，他们也会给更多的人打电话。

为什么积极聚焦型的人更可能会启动双方进一步接触的努力？最简短的答案是，他们非常有把握，觉得彼此有共同的感受。如前所述，积极聚焦型的约会者更有信心让他们喜欢的人也喜欢自己（也更乐观地认为对方会喜欢自己）。有趣的是，他们是对的，这就是奇妙的自我实现预言吧。感谢过程心理学家们提出的“互惠性吸引力”，如果有人对我们表示了兴趣，我们就会更容易受到他们的吸引。即使就在短短的 3 分钟之内，积极聚焦型的那些快速相亲者也能够向对方表示自己的兴趣，反过来，对方也会觉得他们更吸引人。

值得指出的是，积极聚焦型的人并不是在挑选恋爱对象方面的标准更低，也不是说他们的撒网范围更大，而是因为他们真的是在撒网。预防聚焦型的人同样会有心仪的对象，但他们不太可能表示自己的兴趣或开启一段新关系。对他们来讲，被拒绝的风险太大了，他们的爱很可能得不到回报。莎士比亚曾说：“如果你不记得曾经因为爱情而犯过一点愚蠢的错误，那么你就不曾爱过。”预防聚焦型的人一听到“愚蠢”两个字，马上就变得浑身不舒服。他们更愿意稳妥一些，不愿意让自己犯任何尴尬和痛苦的错误。因此，他们很难开始一场新恋爱。

我们的同事乔在恋爱方面是预防聚焦型的，这和他的工作方法一样。他刚读研究生的时候，还是单身一人，而且是很顽固的单身。研究中心的人不断地想给他牵线搭桥，他一概拒绝。他不想参加单身派对，觉得自己在那种环境中肯定不会成功。确实，他很可能是对的，他并不擅长与人搭腔闲谈。最后，家里的一个朋友给他介绍了一个女孩（虽说他很不乐意见面），两个人却很“来电”。这里“来电”的意思是，他们彼此都觉得对方没有那些让人受不了的怪毛病。他们交往了好几年才订了婚，又等了好几年才结了婚，就是为了保险起见。

雷呢，他就是人们所谓的“连环一夫一妻制信奉者”（即对待每一份爱都很认真，但不停地去爱不同的人）。他不断地爱上别人，他换女朋友的频率和他去干洗店的频率差不多。在两个女朋友之间的空窗期，他不间断地参加单身聚会，尽管他穿衣服既随便又邋遢，他那种漫不经心的魅力却让他备受欢迎。现在，他已经和他的“灵魂伴侣”幸福地结婚了，他还会经常动情地大谈结婚如何促进了他个人的成熟和发展。（有趣的是，他的妻子则更加倾向于预防聚焦。每当雷开始谈这些，她就对着他翻翻白眼，提醒他，在下班回家的路上别忘了去取回干洗的衣服。）

顺便说一句，积极聚焦型和预防聚焦型的人对待恋爱还有另一个有趣的差别，那就是，他们如何给未来的爱人留下好印象。两个类型的人都会进行心理学家所谓的“印象管理”——设法展示自己最好的一面（有人把这叫作“隐藏疯狂面”）。对于预防聚焦型的人来说，这是慎重而且讲究策略的，他们知道不能展示出他们所有的方面，他们也知道，自己并不是表面看到的那么好。积极聚焦型的人也试图拿出最好的表现，但两者之间的区别在于，他们真的会以为自己就是别人看到的那么好。在他们自己眼里，他们真的就是那么好。我们把这叫作“自欺性拔高”，来说明他们并不是在欺骗你，而是在欺骗他们自己。

发展

假设你已经有了第一次约会，恋爱路上的第一个障碍已经克服。现在，你得问自己下列问题：“还会有第二次吗？这会是一份真正爱情的开始吗？”从第一次约会发展到“稳定的关系”并不容易，但是，两个人越是信任对方，越是关注对方，向对方越多地透露自己的私密信息（比如，自己的梦想、心灵深处的恐惧以及对《星球大战》的痴迷，等等），两个人越是可能进行一场真正的恋爱。

这里，积极聚焦型的人再一次具有优势。他们更容易信任他人，并愿意透露自己的个人细节给对方。这反过来会增强两人之间的亲密度和投入度，让两人的关系呈良性发展。在遭到背叛之后，他们也比预防聚焦型的人更容易信任对方。比如，如果识破了伴侣在撒谎，在不受到第二次伤害的前提下，他们会更容易恢复到背叛前的信任水平。

不过，我们必须指出，容易相信别人并不总是好事。（我们敢肯定，在读到上一段的时候，那些预防聚焦型的读者一定在想，

“听起来太好骗了”，有时候确实如此。）你也可能会说，在受到背叛之后那么快就原谅对方太不明智，因为背叛意味着你的伴侣不值得信任。因此，我们最好这样说：在关系刚开始阶段，积极聚焦型的人并不具有明显优势，而是策略不同罢了。他们容易因过分信任而犯错，而预防聚焦型的人则容易因过分谨慎而犯错，因此，他们的关系即使有所发展，也会进展缓慢。

恋爱的语言

我们两个是男女朋友吗？或者仅仅是朋友而已？是可以进一步的朋友？是在约会？是在交往？是只跟对方交往，还是同时与别人也交往？是想结婚，还是仅仅想玩一玩？如果想选择的话，情侣们有多种方式定义二人之间的关系。但是，有许多人并不想给当前的关系加“标签”，这里的许多人主要指积极聚焦型的人。他们有更多的选择，也有更多的标签可用。预防聚焦型的人则讨厌自己在恋爱中有任何不明朗之处。他们想知道究竟两人的关系到底处在什么位置，恋爱中有什么规则，双方是否在按规则行事。实际上，研究表明，预防聚焦型的人认为在恋爱中比盲目信任更令人不安的就是模棱两可。

可惜，在某份感情中很难没有一丝暧昧的成分，尤其是在起始阶段。如果你忍受不了这个，你就必须消除这个模棱两可之处，你可以用如下三个方法。第一个方法就是进行“我俩关系现在怎么样”的谈话，人们经常将其简称为“那个谈话”。发起这个谈话的人很容易被认为太缺乏爱或者太黏人，所以，准备发起这个谈话的人通常会花一些时间构思一个两全之策，既能听起来比较随意，又能体现自己对这段关系的兴趣。说起来容易做起来难，所以，这个谈话总是不断地被推迟，直到两人中那个预防聚焦型的人实在受不了了，两人关系的不明朗几乎把他 / 她逼疯了。

第二个处理办法是，正如斯汀（美国摔跤明星）所说，“在自己的心灵周围筑起堡垒”。竖起围墙，在八字还没一撇儿的时候找借口逃脱，在被拒绝之前拒绝对方。我们每个人都认识这样对待恋爱的人，这种爱情的破坏者，他们故意把事情搞砸，这样他们就不会觉得自己是那么脆弱，那么容易受伤了。这种方法确实可以消除两人关系中的不明朗，但同时，这也是不给爱情一丝机会的典型例子。

处理模棱两可的第三个方法是，考验自己的伴侣是否真的爱自己。他们变得非常苛刻，几乎难以相处，他们总是考察伴侣是否满足自己的每个愿望，是否原谅自己的每次错误。这确实可以让事情变得明朗，但这也是自我实现式预言的典型例子：人们总是担心对方不是真正爱自己，最后，他们真的葬送了这份爱。

我是哪种傻瓜？

恋爱就像双向车道，恋爱中既有付出，也有索取，然后再付出。吸引、兴趣和信任本质上都是相互的，它们需要得到回报，才能生存，并茁壮成长。所以，你对你们恋爱关系的满意度不仅仅关乎你对伴侣的喜爱程度，也关乎他 / 她回应你的爱的程度；不仅仅是敞开心扉的问题，还有你的伴侣如何回应你这赤裸心灵的问题。

只要是需要两人以上共同参与才能完成的工作，总可能会因误会和沟通不畅而失败。可能会误读对方的意图的方式太多了，比如，你可能看到了莫须有的吸引和兴趣，或者，你对他人的吸引和兴趣熟视无睹。有时很难判断对方的拒绝是否出于真心，或者，你会将最轻微的批评也看成赤裸裸的拒绝。爱情让我们都变成了傻瓜，但是，你的主导性聚焦会告诉你，你可能是哪一种傻瓜。

积极聚焦型的爱情傻瓜是过分热切的傻瓜。他们对于正面信息（如对方充满爱意的一瞥，对方记住了某个纪念日）过分敏感，对负面信息（如她最近和她“朋友”史蒂文在一起的时间很长）则不够敏感。因此，他们会选择性地关注那些正面的信号，容易将某个模棱两可的信号解读成积极信号。他们很像动画片《兔八哥》里面那个多情的臭鼬，幸福得不得了，却不知道他的暗恋对象对他根本没有一丝兴趣。他们很可能在自己已经远不受欢迎的时候还在狂热地追求对方。

预防聚焦型的人不会过分热情，他们倾向于成为过分谨慎的爱情傻瓜，他们倾向于关注负面信息。不幸的是，他们有时候太担心是否会被拒绝，结果在对方没有拒绝自己的意思的时候，看到了拒绝。

了解自己是哪一种傻瓜，可以帮助你避免将一场本可以成功的恋爱引入歧路。如果你是积极聚焦型的，你要知道，你自己的感情倾向较为强烈，会忽略明显相反的信号，而误以为对方和你处于同样的位置上。你要学着慢下来。如果你是预防聚焦型的，你要知道自己对于拒绝过分敏感。你会在没有受到攻击的时候就开始防御。你可能需要学会不要那么着急地得出最坏的结论。

事情出了问题的时候

即使没有误会和沟通不畅等问题来破坏一段恋爱关系，每对情侣在爱情之路上仍然会遇到坎坷。你处理冲突的方式与你的主导性聚焦模式密切相关。在意见不同和争论的时候，预防聚焦型的人倾向于认为自己的伴侣是故意在疏远自己，不太支持自己的愿望和需求。由于他们本性喜欢关注细节，他们处理两人关系中的问题时也是如此：关注冲突中的细节，而不是着眼于“大局”。因此，他们更多地感到担心和不安。（如果你在想你自己是否是预防聚焦型的人，回答下面的问题就行了：你的伴侣是否不止一次地问过你：“为什么你就不能放手？”如果你的回答是肯定的，那么，这就是明确的信号。）

积极聚焦型的人则会认为自己的伴侣更支持自己，会运用多种新花样来解决冲突。如果事情出了问题，他们不会感到不安，而是会感到更多的悲伤和挫败感。不过，你不要以为他们对待争论的积极态度就可以让他们摆脱困境，请记住，就是因为他们不太注意细节才造成他们的行为有时不够负责任。所以，如果冲突的发生是因为某人的不当行为，那么，这个挑起事端的家伙很可能就是两人中那个积极聚焦型的人。

我是该走还是该留？

在投资问题上，人们的行为非常容易预测。你抱着有所收益的目的将钱交给银行或经纪人。如果会有较大的损失，你就会很不情愿地将钱收回。但是，如果你有另一个绝佳的投资机会，你就更愿意撤出你的钱了。

事实证明，恋爱关系和投资之间的相似度远远超出我们的预期。我们希望自己的投资会有较大的回报。你将资源（在爱情方面，是指时间、精力和注意力，而非金钱，当然，有时候也涉及金钱）投入进去，你会得到相应的回报，这让你的投入有所值。研究恋爱关系忠贞度的心理学家发现，就像你处理投资问题一样，如果有下列条件，你会更忠实于你的伴侣：1. 你很满意，目前的收益大于成本；2. 你已经投入了太多，不能全身而退（即沉没成本）；3. 没有什么更好的人可以替代对方。

可见，如果你对现状的满意度非常高，你的沉没成本够大（比如，你已经花了好几年与这个伴侣共筑现在的生活），而别处的芳草不比这里更加翠绿，你对目前关系的忠贞度就会很高。这些因素的任何一个发生足够大的变化（如，你的伴侣让你不好受，你们在一起的时间不够长，你那个迷人的新同事在同你调情）都可能预示这段关系会出现问题。

积极聚焦型和预防聚焦型的人对于恋爱关系的忠贞度几乎一样，但是上述三个与忠贞度有关的条件对他们的影响程度却不尽相同。预防聚焦型的人较少关注恋爱中的利益，更多关注沉没成本。失去努力建立起来的一切，不留下任何东西，这样的结果令他们恐惧。另外，他们会更倾向于维持一种较为满意的关系，而不是考虑到下一段恋爱会更好就改弦更张。实际上，他们天生的怀疑主义让他们不太可能认为下一个伴侣会比目前的这个更好。在认识的魔鬼和不认识的魔鬼之间，他们宁可选择前者，即使这个魔鬼是自己的配偶。如果你（或者你认识的某人）正在忍受着一段不太幸福的关系，却不断告诉自己"还是不太坏，事情还可能比现在还糟呢！”，那么，你（或那个人）很可能是预防聚焦型的。

积极聚焦型的人则会认为别处的芳草可能真的会更加翠绿，而他们对这段关系中的沉没成本并不太敏感。你可能认为，这会让他们更快地放弃一段感情。事实并非如此，因为对他们而言，满意度更重要，而且他们一直都有所谓的“正向偏差”。请记住，积极聚焦型的人会特别关注，因而更好地记得那些正面的结果和体验。他们天生乐观，乐观到认为“他会变（好）的，我知道他会的！”他们倾向于从最好的方面看待或解读伴侣的行为，即使在和自私鬼、讨厌鬼交往时，这种乐观也能让他们保持忠贞如一。如果你（或你认识的人）在忍受一段不太幸福的关系，却不断告诉自己“事情会好起来的”，那么你（或那个人）很可能是积极聚焦型的。

原谅我

每个人都会犯错误，没有人是完美无缺的。为了让一段爱情天长地久，有时需要一点宽容。当然，你是否原谅你的伴侣与他所犯错误的严重性有密切关系：他在心脏病食谱上做假了吗？他逃税漏税了吗？还是与他的秘书有了私情？除此之外，你是否原谅也与你的主导性动机有非常有趣的联系。

首先，积极聚焦型和预防聚焦型的人原谅的理由不同。积极聚焦型的人是会为了将来可能的利益而原谅，他们这么做是出于信任。换句话说，他们越信任你，越可能原谅你，这样他们才能继续从这段关系中获益。预防聚焦型的人之所以原谅是为了避免进一步的损失，他们是出于忠实才这么做的。所以，他们越是忠实于这段关系，他们越可能为了维持这段关系而原谅你。

此外，如果你的道歉贴合了受伤害一方的动机，道歉会非常奏效，且更可能获得原谅。道歉到底会如何发挥作用？请见下列例子，能体现道歉的聚焦点的那些关键词语已经加以强调。

积极聚焦型的道歉

我很抱歉，我为所发生的事情道歉。我希望我们的关系能在这件事后向前更进一步。我感到很糟糕，我希望你了解：我会尽一切努力来重新获得你的信任。

预防聚焦型的道歉

我很抱歉，我为所发生的事情道歉。我对所发生的事情负责，我觉得我有责任修复我们的关系。我感到很糟糕，我希望你了解：我觉得自己有责任尽一切努力不丧失你的信任。

在后面几章里，我们会读到，调整自己的语言去贴合对方的主导性动机，这能让你的听众感觉“对劲儿”，那么，你的说服力会更大。这一点在产品销售和在恋爱中是一样的。

什么样的夫妻是最佳夫妻？

我们两位作者意识到，一旦问了这个问题，我们就已经步入了危险领域。不过，了解了夫妻二人的主导性动机，你就大致可以判断他们之间的情况如何，这是因为如果聚焦模式不同，他们结合后的情况也会大不相同。

积极聚焦型夫妻：旋风般的浪漫爱情

有些人的浪漫爱情来得很快，如同乘高速列车一般。我们不知道傻瓜是不是真的会贸然闯入，不过，积极聚焦型的夫妻却很可能会。两个人互相信任，披露个人信息，更多的信任，更多的披露，如此这般，他们的投入和亲密感不断迅速攀升。这种新生的爱情让他们似乎有了微微的醉意，他们的爱情之路似乎充满了阳光和玫瑰。直到他们发现不是这么回事，不过，那是以后的事了。

我们许多人都记得这种浪漫爱情，它发生在我们年轻的时候：十五岁时，你觉得你爱上的那个男孩或女孩就是你的真爱，十六岁时你又遇到了真爱，十七岁时也一样。那些著名爱情悲剧里的男女主角大多是积极聚焦型的人。如果罗密欧和朱丽叶是预防聚焦型的，他们就会对他们爱情之路上的困难考虑得更多，也不会愚蠢到去假装服毒。大多数爱情歌曲的词作者也是积极聚焦型的。“你我要让每一夜都美好如初夜，每一天都是崭新的开始……”这比“你我要让每一夜都那么舒服无比，每一天都安全无比……”要浪漫多了。

拥有一个积极聚焦型的爱人会给你带来许多益处。研究表明，他们更有可能帮助你成为你的理想自我，成为你想成为的那个人。他们通过不断肯定（你最棒！）、提供给你自我发展的机会（你一直想学瑜伽，我给你带来了街角那家瑜伽馆的宣传册）、直接帮助（你希望我帮助你写简历吗？）以及刺激（你怎么能安于这份工作呢，你的才能都被埋没了）等方式来帮助你成长。心理学家将这种支持称作“米开朗琪罗现象”，你的伴侣就像这位艺术家，“将大理石里的雕塑解放了出来”，帮助你实现自己最大的潜力。

这些听起来很美好，不过，有很多时候，那个被雕刻的人并不喜欢雕塑家的努力。他可能觉得自己这个雕塑已经足够好了（谢谢你，请不要再下凿子了）。也可能大理石里的那个雕塑不是艺术家想象的那样。你给乐观主义者一个柠檬，他会做出柠檬汁，可是，试图将两人关系的“柠檬”做出柠檬汁来，却可能造成许多压力、伤害和挫折。

预防聚焦型夫妻：慢热而稳定的爱情

如果说积极聚焦型的爱情像高速列车，那么预防聚焦型的爱情就像老式马车，慢吞吞地前行，途中还不断地停下让马匹得到休息。随着彼此的信任感逐渐加强，亲密感也一点点地、缓慢而稳定地建立起来。这是简·奥斯丁经常写作的爱情故事，一直到全书最后，不敢袒露心迹的爱人，才终于鼓足勇气说出这样的话：“班尼特小姐，我个人非常欣赏你。”

虽然预防聚焦型的人是慢热型的，但是，一旦爱上了，他们会非常专一。研究显示，他们更愿意将爱人的目标当作自己的目标，或者调整自己以适应爱人的目标、职业和喜好，并试图满足爱人的需求。积极聚焦型的人可能更愿意表扬彼此的成绩，而预防聚焦型的人则更愿意牺牲自己的需求去帮助爱人做出成绩。

乔和他妻子是预防聚焦型夫妻相互恩爱的典型范例。学术界的工作机会比较少，而找工作的人却不少，很多年轻学者不得不到偏远的大学新校区工作，距离自己的家庭和朋友上百英里远。乔的妻子为了支持他的工作，愿意做出牺牲，随他来到了那个自己做梦都没有想过要去的地方。同样地，我们很少在年度会议上看到乔（我们心理学家都非常喜欢参加这个会议），因为他不愿意让妻子连续好几天一个人留在家里照顾年幼的孩子。他们二人都很少当众表达对彼此的爱意，我们怀疑他们也从来不安排什么“约会之夜”，可是，他们愿意为彼此做出无私的支持，这就是他们表达彼此爱意的方式。

积极—预防聚焦型夫妻：分工—征服

仅从表面来看，积极—预防聚焦型的夫妻应该不会幸福。如果你想在舞台上制造矛盾冲突，没有什么比让两个几乎事事都有不同看法的人上台更有效的了：他喜欢冒险，她总是避免冒险。他是乐观主义者，她是（防御性）悲观主义者。他容易冲动，她事事按计划来。他开快车，她动不动就刹车，确保自己没有走错路。

奇怪的是，最好的夫妻关系（这里，最好的定义是“互相适应，互相满足”）可能却是这对“奇怪夫妻”——由积极聚焦型和预防聚焦型的人组成的一对。第三章中工作环境中的例子已经表明，对于各种任务，采用分工—征服的方法非常有优势，在个人生活中，这一点也同样适用。在一对聚焦模式不同的爱人中，你不必是那个为所有事情做计划的人。每个人都承担自己最适合的任务，知道自己的伴侣会承担另一半任务。（他提出度假计划，她则确保他们准备好所需物品并顺利抵达目的地。）对于已婚夫妇来说，这一点尤其适用。夫妻双方的共同目标通常既关乎发展，又关乎安全，他们需要互相帮助来实现彼此的梦想，同时需要负起对彼此的责任。

最近的研究表明，混合聚焦型夫妻对婚姻的满意度要高于积极聚焦型夫妻或预防聚焦型夫妻，这一点毫不奇怪。有一个条件非常重要，这对夫妻必须要有共同的目标，或者说，夫妻双方必须共同努力，争取实现同一个目标，只有这样才能真正从分工模式中受益。双方都需要认识到他们有共同的需求，只不过是达到此目标的方式不同，积极聚焦型的人负责积极热心的那部分（如为二人共同准备的菜肴发明一种新酱料），而预防聚焦型的人负责需要谨慎的那部分（如做菜时负责查看时间和温度）。有了共同的目标，每个人都能够以自己喜欢的方式做事，而不用去争论谁的方法更好。这是持久爱情的处方。

写到这里，我们两位作者意识到，我们自己都身处这样的混合聚焦型夫妻关系中，这给我们带来了诸多好处。这种聚焦模式的搭配有利于合作，有助于防止过分热心（积极聚焦型夫妻可能的不利之处）和过分谨慎（预防聚焦型夫妻可能的不利之处）。不过，如前文所述，幸福的秘诀是有共同的目标，而这并非总是那么容易。如果还没有达成共同的目标，很可能会有如下的争论：

那个投资计划太冒险了。

钱不就是这么赚来的吗？

你让女儿做什么？

你又从来不让她冒险。

今年我们换个地方度假吧。

我们喜欢那个木屋，喜欢干吗还要换？

对于混合聚焦型夫妻，家庭生活可能会更加平衡，孩子们知道如何做到既乐观又实际，这是因为，他们的父母提供了积极和预防两种视角。婚姻的双方都有对方来提醒自己，生活不全是获益，或者，不全是避免损失。从另一方面来说呢，总是会有另一个方面，对于积极聚焦型夫妻和预防聚焦型夫妻，如果夫妻双方拥有相似的目标，那么，他们更容易实现此目标，或者就如何实现此目标达成一致，这就降低了发生矛盾冲突的可能性。所以，如我们一直所强调的，哪种情况都是有好有坏的。

第六章　聚焦做决定

你在每一天里，花在做决定上面的时间很可能超过做其他任何事情的时间。大多数时候，我们并没有意识到我们在做决定，比如，看到前面的车减速了，你会踩刹车，不过，由于这些发生得太快，你似乎连想都没有想，所以这就不像是在做决定。当我们意识到自己是在做决定时，比如是否去看场电影，是否去与陌生人约会，是否要打流感疫苗等，我们通常要权衡利弊。做决定的过程大概如下：

评论说这部电影非常好，可是要花钱买电影票、买爆米花和饮料，我可能不得不再次使用抵押贷款了。

萨拉说这个人很好，可是，初次会面总是那么尴尬，让人不舒服。

能预防流感当然好了，不过我真不喜欢打针。

我们大多数人都觉得自己权衡利弊时是公正、不偏不倚的，并且在权衡过后，我们能够得出理性客观的结论，即任何一个有理智的人都能得出的结论。实际上，如果我们仔细想想，我们并没有做到这一点，或者说，我们根本没有这么做。我们总是偏好某些信息，做决定时也总是有所偏向。我们偏好哪些信息，哪些偏向影响我们的思维，这与我们的动机聚焦方式有关。

在做决定时，积极聚焦型的人通常会强调如下问题的答案：为什么做这件事是个好主意？如果我不做，会损失什么？为什么看这部电影有好处？它有多好呢？为什么与陌生人的约会值得去？为什么打疫苗有好处？如果这些问题的答案比较有说服力，那就做吧。如果答案听起来没有那么诱人，那就算了吧。他们觉得这样做决定很靠谱，因为他们已经充分考虑了做这些事的积极面。

在做决定时，预防聚焦型的人通常会强调下面问题的答案：为什么做这件事不好？如果不做，我能避免什么样的麻烦？看这场电影要花多少钱？在约会中我会有多么不安？打针有多疼？如果答案看起来不那么可怕，那就做吧。如果够可怕，那就算了吧。对于预防聚焦型的人，这样做决定很靠谱，因为他们已经认真考虑了事情的消极面。

所以，在做决定时，积极聚焦型的人更多地考虑利益，而预防聚焦型的人更多地考虑损失。听起来不那么理性和客观，对吧？（这并不是说，他们不会得出同样的结论，毕竟，带来较多利益的决策有时也是损失较少的那个。）侧重积极面或者消极面，就是我们的主导性聚焦为我们创造出来的偏向。

解决问题的方式不止一种

你通常怎么解决问题？假设我们给你一笔钱，比如 10 万美元，请你给我们推荐合适的投资方式。你花一周左右的时间研究投资，写出投资报告。如果你是积极聚焦型的，那么你的报告里很可能包含几种投资方案供我们选择。积极聚焦型的人喜欢多种解决方案。贵金属看起来不错，技术股也不错，美国汽车股票表现也很好，或者，你还可以做点高风险高回报的投资，比如办企业。他们会想，为什么局限到一种方案呢，每一个方案都是会赚钱的嘛，都是获益的机会。为什么要限制自己？（如果你走进一家餐馆，发现那里的菜单上有上百种汉堡，那么，很可能那个大厨是个积极聚焦型的人。）

如果你是预防聚焦型的，那么你的报告很可能只有一种（保守的）推荐方案（年金怎么样？）。预防聚焦型的人不喜欢制定很多方案，他们找到一个他们认为能够解决问题的方案，就会坚持这个方案。对他们而言，每一个新的（不必要的）方案都意味着一个潜在的错误，都有犯错的可能。最好（通过认真分析和思考）找到并坚持一个最好的方案。（如果你走进一家餐馆，发现那里根本就没有菜单，大厨当天决定做什么，你就得吃什么，那么很可能这个大厨是预防聚焦型的。）

在科研研究方面，我们的同事乔和雷就使用了上述策略。预防聚焦型的乔在心理学方面造诣很深，尤其是动机心理学，但是，他过去的十年里一直在深透地研究动机学方面的某一个中心问题（我们不能告诉你是哪一个问题，那样的话你就知道他是谁了，我们可就麻烦了）。他觉得，与其一心多用，还不如深入掌握某一领域的知识。

积极聚焦型的雷则喜欢同时做不同的事情。他在心理学的许多领域都有建树，包括完形心理学、群体动力学、类属性思维、老年化心理学和社会信息处理等方面。（我们可能还忘记了一些其他的。）有那么多有趣的问题需要研究，为什么只关注一个？雷这么想。

请注意，在他们两个单身的日子里，他们也是这样看待约会问题的。找到一个好的对象，然后一直和她在一起，因为其他的人可能更糟糕（乔的策略），或者，尝试跟许多不同的人约会，因为每一个都可能比上一个还要好（雷的策略）。

找到正确的层次

设想你想买一台椭圆训练机（暂时忘记你已经有一台健身车的事实，它已经成为你晾晒湿毛巾的台架了）。请读一读下面两条关于这台（不存在的）桑莎牌训练机的描述：

> **桑莎：超级适合训练的终极有氧训练机！**
>
> 为什么要用桑莎椭圆训练机锻炼身体？因为它能全方位对你进行训练，不仅让你的心血管系统得到充分锻炼，并且赋予你健美的身躯！

或者：

> **桑莎：功能合适的终极有氧训练机！**
>
> 你如何使用桑莎椭圆训练机？它的无阻力踏板能缓冲你的每一步，它的多个倾斜设置能够精确完美地配合你的每一步。

上面两条描述有什么不同？不太肯定？再看看下面两条关于某一款并不存在的旋律牌闪盘的广告：

旋律牌闪盘

资料进口袋，音乐在耳畔！

或者：

旋律牌闪盘

二合一的功能：既是存储设备，又是 MP3。

你猜到两条广告之间的区别了吗？“一条较抽象，一条更具体”，对，就是这个区别。任何事物都能够以抽象或具体的方式描述并呈现在我们的脑海里。心理学家称之为“阐释分层”。高层次（抽象）阐释侧重于某行为的理由：做这件事有什么可取之处。上述两组广告的第一条都是告诉你为什么要买这件物品，即它的用途。我们称这种思维是“大局”思维。

低层次（具体）阐释侧重于某行为的方式：你是否会做以及你需要采取的步骤。换句话说，他们聚焦于可行性，而不是可取性。这可能吗？能成功吗？上述两组广告第二条强调的是你如何使用这两件物品：它们的工作原理是什么。这种思维方式有关“具体事实”，而非“大局”。

因为积极聚焦型的人对可能的利益更敏感，他们更容易从全局出发思考问题。他们想知道为什么某产品或行为是好的，他们在广告描述中会去寻找这些信息。预防聚焦型的人想要安全，并想要把事情考虑彻底，他们更倾向于考虑具体事实。他们想知道使用某产品或采取某行动的可行性：它如何工作？它可靠吗？

研究表明，强调大局（为什么）或具体事实（如何做）不仅会影响某个产品对积极聚焦型和预防聚焦型顾客的吸引力，还会直接影响他们做事的动力。举例说明，强调“锻炼帮助你维持健康的体重”对积极聚焦型的人更有效，而强调“锻炼每小时可以燃烧400大卡热量”则对预防聚焦型的人更有效，这是因为后者聚焦于锻炼如何起作用。

如果你是一名电视节目主持人，当你试图激发你的听众的热情的时候，了解你自己是需要强调为什么还是强调怎么做非常关键，可是，在现实世界里，我们经常会弄错。2009年，备受喜爱的儿童节目《读彩虹》因为没有了资金支持而停播了。这个节目由莱瓦尔·伯顿主演，目的是培养孩子们对书籍的热爱，节目播出了26年（是美国公共电视网历史上播出时间第三长的节目，仅次于《芝麻街》和《罗杰先生的街区》）。节目停播的原因如下：

> 格兰特（电视台节目经理）说资金收缩是部分问题所在，但是，结束《读彩虹》节目的部分原因是电视教育节目理念的变化。他解释说，变化的起因是，布什政府下属的教育部希望电视节目更多地侧重教会孩子阅读的技能，如读音和拼写。
>
> 格兰特说公共电视网、哥伦比亚广播公司和教育部斥巨资资助那种教孩子们如何阅读的节目，《读彩虹》并不属于这类节目。
>
> “《读彩虹》教孩子们为什么要读书，”格兰特说，“你知

道，就是要热爱读书，这个节目鼓励孩子们拿起书来，开始阅读。”

——美国国家公共电台早间节目，2009 年 8 月 28 日

没有人会说教孩子阅读技能不好，可是，如果我们不再教育孩子们为什么要读书，那又会发生什么？从动机学的角度看，“为什么”，即“大局”，才真正能够让积极聚焦型的人产生共鸣，与美国公共电视网和教育部那些做出上述用意虽好却大错特错的决策的成年人相比，小孩子们无疑更倾向于积极聚焦。

我如何比较？

假设有人递给你一张消费者报告那类的图表，图表将五款汽车（或共同基金，或度假地）的各种特点进行了比较。各种选择在最上端，构成表格的列。比较的各项（如燃油效率、腿部空间等）放在最左端，构成了表格的行。问题是，你怎么读这样的一张表？

如果积极聚焦型的雷在看一张度假地的比较表（不是汽车比较表），那么他会首先看巴黎的特点，诸如丰富的文化产品、特色美食、高昂的物价等；然后再详细看看奥兰多，诸如，儿童游乐设施多、机票便宜、缺少异域风情，等等。他希望看看每个度假地的总体情况，然后再作决定。

如果预防聚焦型的乔在看这张表，他会分别比较每个度假地的某一个方面：每个地方花费多少？它们都有哪些文化产品？食物怎么样？适合全家玩吗？

如果你像乔那样，按表格的行一个接一个地比较每一项，这叫作“属性处理”。比较汽车的时候，你首先看每款车的燃油效率，然后看每款车的其他性能，如此这般，在了解每个性能的过程中形成哪款最好的印象。如果你喜欢先看某一款产品的所有信息，得到一个大概印象，然后再看每一列，就像雷那么做的，这就叫作“全局处理”。首先，你先看的是本田思域的各项性能，然后是现代伊兰特，如此这般，看完了全部之后，你再去判断哪一款最好。

如果你是预防聚焦型的，你一般会更喜欢属性处理，这样很严谨细致，让你可以一项一项地进行比较，不漏掉任何一个细节。积极聚焦型的人更喜欢全局处理，这种比较方法让你可以了解每个产品的全部信息，对这个产品形成一个总体的印象。

全新的？还是经测试可靠的？

你要做的选择是否有关尝试某个新产品或全新的品牌？如果是，那么，这是积极聚焦型的人通常希望的：我们去城那头新开的饭店吃饭吧。我们将客厅重新粉刷成新近流行的那个颜色吧。嗨，这是新款 iPhone 吗？他们急于选择与以往不同的东西，因为新体验意味着发展或获益的新机会。我们前面几次提到过，积极聚焦型的人最不喜欢错失获益的机会。比如，他们会很乐意拿手头的东西去交换同等价值的新东西，或者争取一个新的奖项而非重新获取过去没有得到的奖项。他们正在做某事的时候，如果你打断了他们（如填字游戏），之后又给他们机会重新开始或者换成别的事情（如数独游戏），他们大多会选择不再做填字游戏，而是想看看数独游戏是怎么样的。所以，你可以肯定，他们会做出那些能够带来变化的选择。

预防聚焦型的人不喜欢变化。他们更喜欢稳定、熟悉和传统。他们最喜欢预料之中的事情，这样，他们就能够为每一种结果做好准备。新体验意味着新机会，不过那也有出错的可能。预防聚焦型的人不愿意将已知的把握换成未知的危险。他们想，“你说要换成同等价值的东西，果真是那样吗？”他们会选择谢谢你，然后继续抓牢手中的东西。他们会完成填字游戏，因为做了一半的事情就意味着还有另一半没有做，那是不可接受的。

走在荒野里还是走人行道？

每个人都喜欢高回报，尤其是积极聚焦型的人，但是，不是每个人都能忍受时常伴随高回报的高风险，这里的每个人是谁，你应该知道了吧。所以，如果你必须在高风险和保守方案之间选择的话，你的主导性动机就要发挥作用了。这也正是预防聚焦型的人会选择投资年金和定期储蓄，而非股票和对冲基金的原因。他们更愿意接受以下现实：他们的低风险低回报的投资很可能不会让他们致富，但是只要他们需要，自己的钱就在那里，随时可取，这很让他们放心。

通常情况下，积极聚焦型的人更愿意选择风险较大的方案。不过，有事实为证，如果预防聚焦型的人发现自己身处险境或遇到麻烦了，他们会利用任何必需的办法来重返安全状态。他们不喜欢冒险的方案，但是，如果这是能够重返安全的唯一方法，他们还是会选择冒险的。人们有时会看到这样的新闻，某个受人尊敬的银行客户代表因为投资冒险而损失了上亿美元的投资基金。

我们推测这一定是个预防聚焦型的人，为了恢复某个出了问题的账户，他不顾一切地冒险了。冒险失败之后，这位银行家不愿意接受这个小损失，他觉得唯一可靠的做法就是再冒一次大险，结果又失败了，于是他再次冒险，如此这般……

听从你的脑还是心

居家园艺电视台有一档节目，叫作《淘房子》。每一集都讲述某个人或某对夫妻买房子的经历：他们面临三个选择，最终选出了最喜欢的房子。（还有一个《淘房子海外版》，你可以看那些美国人在海外买房子的故事，还可以观赏他们见到欧洲那些小厨房和小浴室之后的震惊表情。）

在每期节目的最后，房子选好之后，购房者会解释他们为什么最终做出了这样的选择。有些人关注房子的具体特点，这些让他们下定了决心：

> 这个房子的面积就是我们想要的。
>
> 我们想要大浴室和大大的后院。
>
> 买这个房子，我们不会超出预算。

另外一些人则强调房子给他们带来的个人情感上的反应：

> 我走了进去，立即觉得这就是我的家。
>
> 这栋房子给人以很温暖、很幸福的感觉。
>
> 感觉这栋房子就是我们的。

在做评判的时候，积极聚焦型的人倾向于依赖主观的体验，即他们自己的感觉。他们会因为房子的“好氛围”而做出选择。在看到某广告或听到自己的老板鼓劲的时候，如果积极聚焦型的人感觉良好（更开心、更激动、更愉快），他们就更有可能受到劝导。用《星际迷航》打个比方，他们的思维方式就像科克船长，喜欢跟着直觉走。

预防聚焦型的人则更像史波克，他们喜欢逻辑和推理，更多地依赖某条信息的内容或者论据来做出判断。他们之所以挑中某栋房子，是因为房子符合一套客观的标准，大小、位置、卫生间的数量以及他们自己钱包的大小，等等。如果做某事的理由充分，他们就愿意做。（并不是说他们没有感觉，他们只是认为凭感觉不是做出好决策的明智选择。）

这要花多长时间？

推算出完成某个计划或者任务需要花费多长时间，这是你决定是否做这件事的重要因素。

妻子：这周末你重新粉刷一下厨房怎么样？

丈夫：噢。那需要多久啊？现在正在打季后赛！

未来的学生：等等，需要多少年才能拿到博士学位？真的？

旅行者：坐地铁去机场便宜一些，可是太慢了。我得几点走才能准时赶到那里？

问题是，人们不太擅长推算完成某事的时间。心理学家称这种现象为“计划谬误”，它会干扰我们做决定，阻止我们实现目标。

研究表明，计划谬误可以归因于我们估算做事所用时间时的几种倾向。首先，我们在做计划时总是忘记过去的经历。你丈夫告诉你，他只要 15 分钟就能吸完整块地毯，他很可能忘记他上次用了一小时才完成这个任务。许多教授会告诉你，写了 4 年的论文后，大多数大四学生还是估算不出他们写一篇 10 页的论文需要多少时间。我们在考虑未来的时候总是忘记考虑过去的经历。

其次，我们常常忽略事情可能会偏离原计划。我们的计划总是“最好情况下的方案”。（很自然，积极聚焦型的人在这方面尤其容易出麻烦。）跑到商店里买一个新吸尘器可能需要花 15 分钟，前提是：路上不堵车，店里正好有你找的那一款，你很快就能找到它，并且收银台处不用排长队。可是，我们通常会假设事事都会按计划进行，吸地毯只需要 15 分钟，而事实根本不会如此。

最后，我们不考虑构成这次任务的所有步骤或者组成部分，也不考虑完成每一步需要花费的时间。当你计划粉刷房间时，你可能只想象自己在用滚子快速地往墙上刷漆，觉得这花不了多少时间，却忽略了如下事实：你首先要将家具搬走或者罩上，将房间里的固定物品和窗框用胶带粘住，还要手工一点点地刷边缘线，等等。

积极聚焦型的人更容易忽视那些潜在的障碍，不会将需要完成的任务分解成具体的步骤，所以，他们总是低估做事的时间。

预防聚焦型的人也有这方面的问题，但不会那么严重，这是因为他们天生会去考虑每个步骤可能会出什么问题。

我们购买什么？

看待事物时，你是关注成绩还是关注安全，你购物的习惯也会因此不同。你的主导性动机聚焦不仅决定你会受到什么样产品的吸引，还决定了吸引你的是商品的哪些属性。比如，研究中心同事詹斯·福斯特发现，积极聚焦型的人倾向于购买那些宣传为奢侈或舒服的商品，这样的商品带来的是积极的变化。在他的试验中，在选择墨镜和腕表时，积极聚焦型的参与者容易受到“时尚潮流”和“时区设置”等特性的影响，这些特性不是必需的，但可以传递一种时尚和精致的感觉。红色跑车、热水浴缸、香奈尔的包、三百美元一瓶的葡萄酒，当你购买这些的时候，无论你告诉自己有什么理由去买，你也并不是真正需要这些东西。不过如果你是积极聚焦型的人，你很可能想要上述商品中的至少一种。

预防聚焦型的人希望避免负面的变化，所以，他们寻求那些宣传为安全的产品。在福斯特的研究中，他们更喜欢“保修期长”的墨镜和带“安全扣”的腕表。（听起来不那么令人兴奋，不过，兴奋并不那么重要。）在另外一个研究中，预防聚焦型的参与者更喜欢广告语中带有“多年的老品牌”和“消费者试验证明既安全又可靠”等字眼的洗衣机，而没有选择那些“采用最新技术”“拥有许多新功能”的洗衣机。

由迪安·塞弗进行的一项早期研究提供了额外的证据，表明动机聚焦如何影响我们的购买决策。他让一些本科生假设他们要买一台电脑（不用考虑价钱）。一张单子上列出了有关电脑的 24 个问题，这些学生要看完全部问题，然后勾选出他们认为能够帮助自己挑选电脑的 10 个问题。在 24 个问题中，8 个是关于创新方面的（如电脑有多么先进），8 个是与电脑的可靠性有关的（如防止电脑死机或者其他问题），剩下的 8 个问题有关其他方面（如电脑重量等）。那些积极聚焦的人更容易选择那些有关创新性的问题，而预防聚焦的人则更多地选择可靠性方面的问题。

顺便提一句，积极聚焦型的人不仅仅喜欢新产品，如 iPhone 或者普锐斯的最新款，他们还喜欢任何营销人员所谓的真正新产品，即那些以往从来不曾存在的新产品，如 Segway 电动平衡车。或者我们可以更准确地说，他们是新产品的唯一粉丝，因为预防聚焦型的人不会愿意将辛辛苦苦赚的钱用来购买那些没有销售记录的东西。预防聚焦型的人更愿意购买成熟产品，我们通常认为的"必需品"。（请注意，由于有了互联网，个人电脑已经成为家庭里的必需品，所以，预防聚焦型的人也跟上了时代，购买了电脑。不过，是在他们查阅了有关电脑可靠性的所有负面评论之后才买的。）

如果你担心，积极聚焦型的人会天真地购买任何看起来诱人的东西从而容易上当，那么，你大可不必。他们和那些更谨慎的人一样，也会关心新产品可能出现的问题。不过，那是在你向他们指出问题之后，或者那些可能的问题已经非常明显的情况下，否则，积极聚焦型的人不太会去主动关注问题。所以，积极聚焦型的人去商场时，最好带上一个预防聚焦型的朋友，这就好比带上一个帮你看着钱包的伙伴。

记住这一点很重要：你的主导性聚焦会随着形势的变化而变

化，所以，你的购买偏好和对风险的接受程度也会发生变化。比如，你正在购买的东西可能触发某种动机，如果你想购买防止孩子接触有毒洗洁剂的产品，你在做选择时就会变成预防聚焦，因为这是一个有关安全和危险的决策。你会购买经检验非常可靠的卡锁，你不会太关心这锁是否时尚或新颖。同样地，积极聚焦型的人会给自己买一辆看起来很炫的、带各种花哨配饰的红色跑车，但是在给自己十几岁的孩子购买第一辆车的时候，他很可能会更多地考虑防抱死系统和安全气囊。

我们还应该注意，在某个特定的环境下，积极聚焦型的人和预防聚焦型的购买者很可能会做出同样的选择。比如，你为什么买我们的这本书？你觉得这本书会带给你新东西，你希望它能够帮助你实现个人或职业的进步。或者，你觉得应该读一读这本书，因为这本书论据翔实、数据科学，你觉得它非常有说服力。不同的动机可以促使我们做出同样的选择，尽管理由不同，你看重的特点也不同。（顺便说一句，不论你出于什么原因买了这本书，你都选对了。）

你这套对他们可能管用，但你骗不了我

没有谁比心理学家更清楚（如果你到现在还不知道的话，那么我们告诉你，我们就是心理学家），如果别人知道你想操控他们，你就根本没法让他们做某事了。如果我们把参与试验的本科生带进实验室，告诉他们，“我们下面要说的话和要做的事会使你产生积极聚焦，那样，你就会更可能去购买这款奢侈的护脚霜，而不是买可靠的浮石，这是因为积极聚焦型的人更喜欢奢侈品”，那么，

下面就是大概会发生的事情：

> 40% 的人会买护脚霜，这是因为他们想做“正确的”事，或者想尽量帮我们的忙；
>
> 40% 的人会买浮石，这是因为他们不喜欢别人告诉他们怎么做，或者故意不想帮忙；
>
> 20% 的人会睡着或者开始给朋友发短信，这是因为他们无论如何都会这么做的。

因此，心理学家在做研究时，给参与试验者下达的指令不能透露我们想了解什么和获得何种结果。在说服别人这件事上，比如做广告和政治行动方面，也应该是这样的。有时候，你知道他们在做什么，但他们并不希望你知道，如果你不知道他们的目的，他们的说服工作会更有效。

因为预防聚焦型的人更关注可能会出错的事情，所以，他们对是否受到操控或是否有人正在劝说他们更敏感，更警惕。研究表明，他们从一开始就持怀疑态度，更容易看出操控的迹象。如果广告商声称自己的产品比“某知名品牌”更受消费者青睐，却不明确指出这个品牌是什么，或者，是产品的生产商而非某个中立的评估机构组织了产品检测，那么预防聚焦型的人就会更加怀疑。作为一个整体，预防聚焦型的人更难操控。如果你是汽车销售商，预防聚焦型的人就是那个径直走进你的展厅，并很快毁了你的一天的那种人，因为他会告诉你，你的这款车到底值多少钱，多一分他都不会买。

放弃吧，伙计

有时候，你真的应该放弃。随着时间的流逝，你慢慢意识到，自己做了一个错误的选择，事情没有计划的那么完美。你意识到，追求你现在的目标（职业的成功，修复一段恋爱关系，或者重新装修你的房子），金钱或情感方面牵涉的成本过高，或者需要太多的时间。你是重新寻找其他机会，还是继续走现在的路，并牺牲自己的幸福？

我们中的许多人会选择“继续现在的路”。每个人都曾经有过这样的经历：一份工作或恋爱关系早就不能给你满足感了，可你还在继续维持，或者，你接受了一项自己处理不了的大任务，却不愿意承认这一点。CEO们曾将大量的人力和金钱投入已经明显不可能成功的项目，给自己挖一个更深的坑，而不是奋力爬出来。

对于那些不愿意寻找新机会的人，他们在时间、精力和错失好机会等方面的成本可能会高得惊人。别人犯这种愚蠢的错误，我们很快就能看出来，可是我们自己还是会犯同样的错误。这是为什么呢？

在心理学层面，有几个强大但我们通常没有意识到的力量在发挥作用。我们可能会花大钱以挽回已经损失的金钱，或者继续在无望的恋爱中浪费时间，这可能是因为我们没有替代方案，或者因为我们不想向家人、朋友或者自己承认我们错了。不过，最可能的原因是我们痛恨沉没成本。

我们在上一章已经讨论过，沉没成本是指你投入某件事时不能再收回的资源。它可能是指我们为某个不喜欢的职业进行训练所消耗的岁月，或者是你等待那个有承诺畏惧症的男友求婚的时光。它可能是指你花在重新装修客厅上的金钱，可是后来你却发现自己一点也不喜欢这个新风格。

一旦你已经意识到，你所做的事情不可能成功或者你对结果并不会满意，无论你花了多少时间或者努力都不重要。如果你的工作或者男朋友已经消耗了你生命中最好的岁月，那就更不应该让他们浪费你剩下的时间了。丑陋的房间就是丑陋的房间，无论你花多少钱装修，它依然丑陋。

问题是，有时候我们感觉不到这些。已经投入太多，却没有什么结果，这太可怕了，我们大多数人不愿意严肃考虑这样的局面。我们太过于担心，如果改弦更张，我们会损失什么，而不太担心，如果继续下去，我们的损失是什么——浪费更多时间和努力，承受更大的痛苦，错失更多的机会。那么，如何才能知道我们何时该出手止损呢?

归功于西北大学心理学家和研究中心同事丹尼尔·莫尔顿的一项新研究，我们有了一个简单而有效的办法，让我们知道事情出问题后如何做出最好的选择：采用积极聚焦法。积极聚焦型的人，或者，在解决问题时采用积极聚焦模式（在第八章我们将告诉你如何去做）的人，他们更能够接受犯错误，接受可能承担的损失。他们更愿意放弃现在的一切，继续向前。

比如，在一项研究中，莫尔顿请每一名试验参与者想象自己是某航空公司的总裁，他决定投入1000万美元研制一种不会被雷达发现的飞机。在花了900万美元且项目快完工的时候，另一家公司宣布他们已经研制出能躲过雷达侦测的飞机，性能更好，且费用更低。给试验参与者的问题很简单：你将继续投入那100万美元，完成此飞机（性能差且费用高）研制项目，还是赶快止损，并寻找新机会？

他发现，预防聚焦型的人会继续此项目，有 80% 的可能性会投入那 100 万美元。他们想继续打这场必败的战争。如果运用积极聚焦模式，犯这样一个错误的概率会大大下降：继续投资那 100 万美元的可能性不到 60%。所以，如果我们以能否获益来衡量自己的目标，而不是以我们可能会损失什么来衡量，我们更容易看清楚这是否是个必败的尝试，并能够继续前行，寻找其他获益的机会。

人们通常并不能做出非常理性的决定，我们非常清楚这一点。但是，我们的喜好和选择也并不是随意而为的，而是基于一些系统并可预测的偏好。做出好的决定需要我们认清自己的偏好，必要的时候，还需要我们做一些调整。如果你是积极聚焦型的人，你需要记住，你自己倾向于关注利而忽视弊，你很可能会低估做某事的时间，并且你不那么容易看出你正在受到某个广告或者销售员的蛊惑。如果你是预防聚焦型的人，你可能会不必要地限制自己的选择，过分关注某事的不利之处，而且在事情不顺利的时候不太知道何时需要放弃。认清自己的倾向，这是克服这些倾向的关键的第一步，毕竟，你现在知道自己需要注意什么了。

第七章　聚焦我们的世界

我们应该生活在什么样的社会？我们要优先考虑什么？谁应该做领导？我们应该选谁（不选谁）？如果有必要，应该改变什么？上述问题的答案会受到各种因素的影响，包括我们生长于其中的文化、早期家庭教养、所受的教育、宗教信仰，以及个人经历。它们也包括我们看世界的方式，是将世界看作一个充满获益机会的地方，还是可能会带来损失的地方。如果不考虑人们的主导性动机聚焦模式，那么，任何人际交往关系（个人之间、族裔之间、国家之间）方面的知识都是不全面的。

正确的管理方式

你为什么这样投票？或者，你为什么捐款给这个候选人（而不是另外那个）？尤其是在美国，我们倾向于将自己的政治观点看作意识形态的产物，这里的意识形态体现的不仅是我们对于世界运转方式的认识，也是我们对于世界应该如何运转的认识。比如，你认为在一个管理良好的社会里，人们需要缴纳较高的赋税，以支持各种社会福利项目，或者需要“平权法案”那类的努力来保证人人机会均等，那么，你可能会认为自己是民主党或者自由主义者。如果你认为在一个管理良好的社会里，人们需要缴纳较低的赋税，来自政府的管理应该少一些，每个人应该承担更多的个人责任，你可能觉得自己是共和党或者保守主义者。如果说你的政治观点也会至少部分地受到你的主导性动机聚焦的影响，你可能会大吃一惊。

我们在上一章已经了解，积极聚焦型的人更可能会支持变化，渴望变化，这是因为他们将变化看作发展和进步。所以，积极聚焦型的人会支持改革或进步主义，而不会理会维持现状或保守主义的提议。（请注意，这里的进步主义与保守主义并不对应某个政党。在历史上，共和党和民主党都曾经发起过改革，比如共和党的社会安全改革、民主党的医疗保健改革，而且，两个政党也都曾经积极地维护过现状。实际上，积极聚焦型的人在政治上属于民主党的可能性仅仅稍大一点点，而在两个党派里，预防聚焦型的人的数量大致相当。）当然，与成功的工作场合和美满的婚姻关系类似，明智的政府里也需要不同视角之间的平衡，用亚伯拉罕·林肯的话说，需要“竞争团队”。

一项非常有趣的研究很好地证明了积极聚焦与预防聚焦如何影响我们的政治观点，这个试验是让澳大利亚选民就全面的经济改革方案进行一项（假想的）全民公投，这些改革是全新的，但可能会带来巨大的益处。积极聚焦型的选民都选择进行改革，哪怕经济现状并不是非常糟糕，也就是说，改革并非必需时，他们也选择改革。预防聚焦型的选民则喜欢保持现状，哪怕现在非常需要出台新的经济方案。

虽然每个人的主导性动机聚焦是相对稳定的，国家的政治或者经济环境的巨大变化也会导致公民整体的动机聚焦模式发生较大的转变。在和平、繁荣的增长期，人们会更加积极聚焦。如果工作机会多，市场指数在上升，人们会更加愿意接受变化，接受冒险，对未来更加乐观。在美国短暂的历史中，和平繁荣的时期比其他国家要长一些，因此，美国文化也特别地以积极聚焦为主，这是很有道理的。美国毕竟被称作“机会之乡”，没有比这个更积极聚焦了吧。

不过，美国的形势也并不总是一片大好，历史上曾经有过经济衰退和萧条，有过失业率非常高的时期，也曾经历过战争。到我们写作这本书的时候为止，曾经有多位总统在战争期间连任。虽然战争很不受人欢迎，但是，每一个竞选连任的总统都得以再次当选。现在你非常了解预防性聚焦了，你知道为什么会这样了吧。当我们的国家安全受到威胁，当我们在努力求生存的时候，我们会非常不愿意拿一位未经检验的新候选人来冒险。我们不希望再有可怕的意外发生。我们会选择继续支持目前的领导人，哪怕我们并不太喜欢他。稳定能够带来安慰，况且，我们可以少担心一件事。

有时候，积极聚焦型与预防聚焦型的人会支持不同的政界候选人，或者就某个问题持相反观点。但是，政治问题都可以用不同的方式进行阐释，这样，就可能会让两种人做出同样的选择，支持同样的行为方案。比如“大政府”的问题，即政府官员应该在多大程度上干涉公民生活这个问题。如果将“大政府”阐释成可以保证增长和富裕的机会，那么积极聚焦型的人会支持这个议题，但这样解释对预防聚焦型的人没有用处。但是，如果将这个问题解释成可以维持个人和集体的安全（或防御能力），那么，预防聚焦型的人就会更加支持这个议题。

可见，如果人们关注他们可以获得什么益处，他们更容易被有关变化、改善或提供更好生活的政治承诺所说服。如果他们关注维持现状、避免损失，他们可能害怕变化（即使变化是有益的），就会更容易被那些诉诸他们的安全需要和维持现状愿望的政治承诺说服。如果你是政界人士，你正在努力获得选民对你的法案的支持，那么，记住你有两个选民团体，他们需要用不同的方式来劝服，这一点非常重要。

谁在投票？

在美国，大约 60% 有资格的选民会在总统选举中投票，但在国会中期选举中，这个比例就降至 40% 了。从人口统计学来看，我们知道，年轻人总体上不愿意去投票，上年纪的人则更可能会去投票。女人投票的比例比男人也稍高一些。那么，我们的主导性动机在这里发挥什么作用呢？

没有证据表明，积极聚焦型和预防聚焦型的人中哪一种人更关心那些影响我们生活的政治、经济和社会问题。某一种人也许会更关心具体问题，如国家安全（预防），或者，人人机会均等（积极），但不会关心更多的问题。所以，你可能会想，两种人中去投票的选民数量应该相差无几。令人惊讶的是，积极聚焦型的人更愿意到投票站去投票。为什么会这样呢？

从表面上看，这似乎没什么道理，那些将一切都看作潜在的威胁、依赖政府来保护他们的预防聚焦型的人，不是更应该关心谁来领导他们吗？他们确实关心，但他们仍然不去投票。问题在于，投票本身是一种积极行为。你专门跑过去选某个人，帮助他赢得选举。积极聚焦型的人喜欢赢，为了赢，他们愿意做任何事，所以，他们觉得投票很对劲儿，值得他们在午饭时间去排长队。

如果你让人们觉得他们在投票反对某人或某事，那么，预防聚焦型的人就成群出现了。比如，他们更愿意参加全民公投。因为全民公投一般是要民众投票决定支持或反对某个现行法律，所以，大多数公投都会有人反对。投票反对某事是一种谨慎行为，它阻止某事发生，而这就是预防。因此，在 2012 年的竞选中，政界的许多保守人士强调的是不要选举奥巴马，而不是强调要大家选举共和党总统候选人。理解了积极与预防两种动机聚焦模式如何发挥作用之后，在竞选中，聪明的候选人不仅应该宣传人们为什么要选他，还要宣传人们为什么不能选他的对手。比如，如果你能说服预防聚焦型的人，目前国家状况很糟糕，或者国家处于危险之中，他们就会觉得有必要将应该对此负责的现任领导人选下去，以挽救国家于危难之中。他们这时候就不再维持现状，而是冒险来更换当权者。

权力的危险

历史告诉我们，从属于多数派会给人们带来许多好处。多数派（通常，并不总是）掌握着权力，占有最多的资源，制定每个人都必须遵守的规则。如果你从属于多数派，你的机会比那些少数派的机会要多许多，这些境况按理应该会让你更加关注获益。

可是，你是否曾注意到多数派的人有多么担心少数派？拿目前美国关于移民的争议来说，根据皮尤研究中心收集的资料，大多数非拉美裔美国白人认为，“越来越多的移民威胁了美国传统的文化和价值观”，“今天的移民是个负担，他们抢走了工作、住房，等等”。实际上，仅有 14% 的人说他们曾被移民抢走过工作。

> “当前，有些美国人真正意识到了，移民突然来到了他们家门口。”圣地亚哥大学跨境研究学院院长大卫·A. 谢克说，“他们不习惯这一情况，他们觉得这些人不可能会真正融合进来。他们非常担心美国的生活方式会因此发生改变。”
>
> ——《洛杉矶时报》，2008 年 5 月 1 日

纵观人类历史，少数派一直被认为对多数派构成威胁。从欧洲的犹太人，到中东地区的基督教徒，到各地的同性恋们，这些少数派总是被附上危险、具有破坏性等标签，正在为多数派的最终灭亡而密谋。在美国人对待逐渐增长的穆斯林族裔人口的态度中，我们可以看到这种思维的证据：

> 十几个州正在考虑将伊斯兰教法的某些条款列为非法。这样的做法将限制穆斯林运用宗教来裁决一些饮食和婚姻方面的争端，而有些州甚至污蔑伊斯兰教的生活方式：田纳西议会最近通过一项法案，将伊斯兰教法描述成一系列推动“使美国这个国家灭亡”的法令。
>
> 这些法案的支持者争辩说，需要这样的措施来保护美国，阻止国内恐怖主义的滋生，守卫基督教价值观。共和党总统候选人纽特·金里奇曾说“伊斯兰教法对美国和世界的自由

是一个巨大威胁”。

——伊利亚胡·斯特恩，

耶鲁大学宗教研究和历史学教授

可见，多数派的想法比我们预想的更倾向于预防聚焦。他们担心，往前走的路只有下坡路。对他们而言，现状是那么好，他们自然希望加以维持。所以，多数派的人保持现状的动力非常大。这时候，少数派才是积极聚焦的。因为少数派缺少权力（相对而言），他们除了上升没有其他路可走。对他们而言，现状不够好，所以，他们希望改善自己在社会中的地位。获取权力、不断进步，这是一个积极的旅程，不过，一旦你到达目的地，如果你想保住权力，就必须阻止其他人将权力夺走。

不过，有的时候，少数派的人会改变想法，心态不再那么积极。比如，你属于少数派，受到了不公正的待遇，或者有人总在提醒你那被人蔑视的社会地位（如你的群体被认为低人一等），这些都会给你造成威胁，增强你的预防心态。少数族裔在和白人打交道时，会出现这种情况，在男人占多数的工作环境中的女人（或者任何一个属于少数派因而感到被忽视的人）也一样。在这样的情况下，少数派的人可能会更加悲观、谨慎，不愿意冒险，也更可能会将一些模棱两可的东西（如受到某个正在忙碌的同事或同学的忽略）解读为负面信号。

我们对他们，还是我对你？

文化差异中一个非常有趣、在心理学上很重要的方面，是有关人们如何看待“自我”。换句话说，你如何界定“你自己”？（这可能有点难以理解，因为我们每个人都习惯了以某一种方式看待“自我”，从来想不到还会有其他方式。）

在西方国家里（美国尤甚），用心理学家的话来说，我们对自我的看法非常独立，也就是说，只有你才是你。你可以和他人有密切的关系，可以从属于对你而言非常重要的群体，但这些都不能界定你“自己”。独立的“自我”概念有非常清晰的界限，你是你，别人不是你。这个观念自然会导致对于个人目标和愿望的强调。这种独立文化重视自我管理和个人成就，从而塑造（总的来说）更积极的动机模式。

独立的自我概念

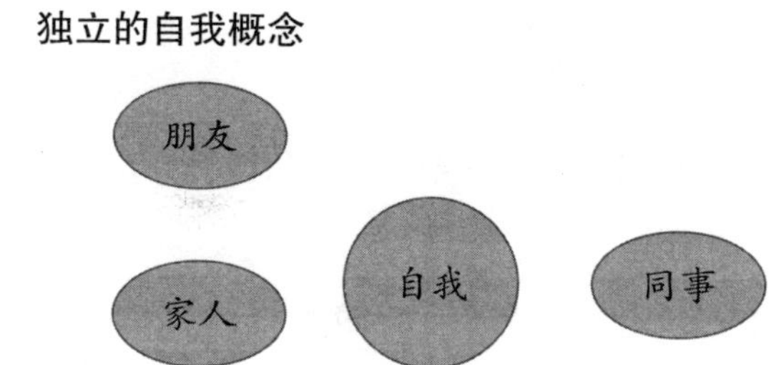

其他人和自我之间的距离不等，但从不包含在自我概念之中。

在亚洲或其他东方（还有南美的大部分）文化中，自我的概念是相互依赖的。我们最重要的人际关系构成了我们自己的一部分，所以，我们的成功和失败不仅仅与我们的家庭和族群有关，而且也属于他们。比如，研究中国文化的心理学家发现，与西方人相比，中国人更强调与集体分享个人的成功果实。中国学生在解释自己奋斗的动力时，会更多地强调家庭和集体的驱动力。一个孩子学业有成是他整个家庭的骄傲，学业失败则是整个家庭的耻辱。

催生了相互依赖的自我概念的文化，通常倾向于强调个人对于集体的责任和义务，重视与他人和谐相处、成为他人可以依赖的人，而不是鹤立鸡群、特立独行。跟西方人相比，在这种文化中长大的人通常会更加的预防聚焦，这一点毫不奇怪。

互相依赖的自我概念

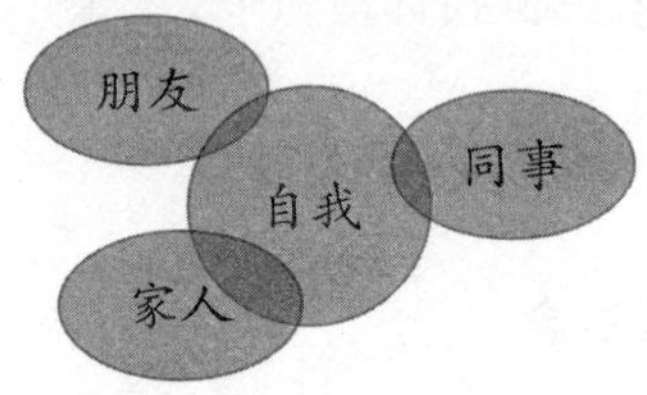

其他人和自我之间的距离不等，但都包括在自我概念之内。

当然，在任何文化中，都会有许多不那么随大流的人，比如，天性更加依赖他人的美国人，天性更加独立的中国人。另外，性别也有一定影响，每个文化中的女人都比男人更加注重相互依赖。有时候，一个非常独立的人也可能变得比较依赖他人，比如，在参加团体性运动的时候。

由于预防聚焦型的人相互依赖感更强一些，并且常常将他人放到个人的自我概念范畴里，他们倾向于以“我们对他们”的方式思考问题。如果你威胁说要伤害一个预防聚焦型的人，他很可能会感到（可以理解）焦虑和害怕，这会触发某种逃跑反应，也就是说，他将会逃避这种伤害。不过，如果你威胁说要伤害他的群体或者群体里的另一个成员，那你就有麻烦了。他的反应会从逃跑模式转变为战斗模式。当预防聚焦型的人采取行动保护自己的群体（或者自己群体的文化和价值观），他们这么做并不仅仅是出于保护什么的欲望，而是出于道义，觉得战斗才是正确的事。与积极聚焦型的人相比，他们也会更倾向于去报复那些伤害了他们的人。为了证明我们的观点，你不需要去别处寻找证据，就看看那些温柔善良的妈妈们，她们会为了保护自己的孩子而出手攻击。

积极聚焦型的人更加个人主义，倾向于以“我对你”的方式思考问题。与预防聚焦型的人相比，他们更容易因为有人伤害了自己而进行报复，而不会因为有人伤害了自己的群体而去寻求报复。

为什么同类相聚？

大多数人都没有意识到，预测我们喜欢某物的程度的一个重要指标是熟悉度。人们会很自然地喜欢他们曾经见过的东西（心理学家称之为“单因接触效应”）。这个过程基本上是无意识的，所以你根本没有意识到你是因为看到过某物才更加喜欢它的。比如，在某项研究中，研究者让某个学生去旁听不同的课程，但她去听每门课的次数不等。在学期末，研究者给这些班级的学生一张这位旁听生的照片，让他们给她打分，看看她有多么招人喜欢。她听课次数在 10 到 15 次的班级的学生给她打的分，明显高于她只听了不到 5 次课的班级学生的打分，可是，那些学生没有一个意识到她曾经到过自己的课堂。

熟悉的感觉不仅仅来自于曾经见过某人，陌生人也会看起来比较熟悉，前提是他们和我们要有相似的外貌、背景、态度或政治观点。这就是为什么我们会喜欢和我们同属一个群体的人，而不太喜欢来自于其他群体的人。通常，同一个群体的人看起来会更相似，因而更熟悉。

当然，熟悉度只是我们喜欢那些和我们有相似的思想、长相或行动的人的原因之一。另一个原因是社会确认，即，确认我们的特征或者想法是否正确或者是最好的。由于很多时候并没有什么客观的标准来评价我们自己或者我们的行为，人类总是很自然地去向彼此寻求这种确认。我们四处张望，看看其他人在做些什么，并以此来指导自己的行为。如果其他人在和我们做一样的事情，我们的自我感觉会更好。

彼此的不相似却是令人不安的。为什么那些人认为应该做 X，而我们觉得做 Y 才是对的？假设你认为 X 和 Y 不可能都是对的，或者不可能都是最好的，那么，这样的想法会让你处于紧张状态，心理学家称这种状态为“认知失调”，因为这些想法似乎无法调和。解决这个问题并摆脱失调的最简单办法就是，认为对方是错的。而如果人们在四处乱窜做错事，那么得出关于他们的负面结论就是很容易的事情了（如，“他们疯了”，“他们真蠢”，等等）。

我们的主导性动机聚焦模式影响上述这些人际交往过程的方式有几种。第一，可能也是最明显的方式，聚焦模式是相似度的基础。如果你是积极聚焦型的人，你就更可能以其他积极聚焦型的人的态度和行为来看待自己和自己的观点，那些人和你一样，喜欢冒险，和你一样理想化，一样乐观。而预防聚焦型的人则会在那些同样谨慎、负责、讲原则的人中间看到自己的影子。哦，那些人，我懂他们！

第二，我们的主导性聚焦影响我们与相似之人（同一个群体的成员）以及不相似之人（其他群体的成员）的交往。你越是积极聚焦，你就越想接近同一群体的其他成员，与他们结成紧密关系，因为这些人最有可能为你提供获益的可能性：友谊、支持、社会关系，等等。你的座右铭是“提升我们”。你越是预防聚焦，你就越想尽量避免其他群体的成员，因为这些是你最不信任的人，最有可能与你意见相左，或者最可能伤害你。你的座右铭是“阻止他们”。

有趣的是，甚至连人们选择坐在哪里这样的小事都可以反映出这样的趋势。当我们告诉心理实验室的本科生，某个上面放了书包的座位属于他们同组的某个人（比如，同队队员），那些具有较强烈积极聚焦的人会选择坐在离这个书包较近的座位上。（预防聚焦型的人选择的座位与那个书包的远近没有关系。）如果书包属于其他群体的成员（比如，竞争对手），具有强烈预防聚焦性的人会选择坐在距离那个书包较远的座位上。（积极聚焦型的人选择的座位与那个书包的远近没有关系。）可见，在喜欢哪个群体的问题上，积极和预防聚焦型的人呈现了非常不同的偏好：提升我们或阻止他们。

所有人和谐相处是个挑战

我们大多数人都同意（至少当有人公开询问我们的时候），如果没有偏见和歧视，这个世界将会变得更好。人们应该根据行为判断他人的为人，而不是根据他人所属的群体或者那个群体的名声（经常具有误导性或者彻头彻尾都是错的），得到别人这样的判断是每个人的权利。可是，由于人类大脑会自动将所看到的一切进行归类，所以，公正、不带任何偏见地评判他人，成为许多人并不愿意承认的巨大挑战。

这个现象背后的根本原因是：归类法是极其有用的工具。通过将相似的事物归类，我们可以立即明白如何处理我们从来没有见过的事物。比如，你看到一把椅子，虽然你从来没有坐过那把椅子，可是不用参考任何一本手册，你就知道这是供人坐的。你咬苹果的时候，不用首先“检验”一下这个苹果，你就知道你会尝到苹果的味道，而非圆白菜或者洋葱的味道。你只需尝一个苹果，就知道其余的苹果大概都是什么样的味道了，这是因为你的大脑创造了“苹果”这个类别，并从此以其引导你购买水果的行为。这就是凭经验做事的好处。

分类法能够节约时间（有时候还能挽救生命，比如，不要吃那种蘑菇，上次它害你生病了），我们的大脑进化得非常善于迅速归类，有时候我们都没有意识到自己正在这么做。大多数时候，这是好事，但在给人归类的时候，就没有那么好了。在给人归类的时候，我们容易陷入麻烦，哪怕我们尽量避免用以往的刻板印象来评判我们刚刚认识的人，我们脑子里的成见还是会自动开启。心理学家称之为“内隐偏见”，并且花了许多年来研究如何成功地对抗这种偏见对我们的思想和行为的影响。

心理学家们希望弄明白：对抗这种内隐偏见的最好方式，到底是告诉人们要尽量做一个平等主义者（即平等对待所有人）并推动种族间的和谐，还是告诉人们要尽量摆脱偏见并避免种族之间的不和。哪一个方式更有效？（你早已经知道答案了，是吧？）是的，这两个策略的效果取决于你的主导性动机。当我们告诉积极聚焦型的人，要尽力做到平等，为和谐做贡献的时候，他们表现出较少的内隐种族偏见（他们不能有意识进行控制的偏见）。当告诉预防聚焦型的人要尽力摆脱偏见、避免不和时，他们表现了较少的偏见。

呼吁平等主义或者摆脱偏见这两种方法的有效性取决于我们如何进行宣传。在某项研究中，研究者分别将“支持平等”或“反对偏见”的口号张贴在一些正面意象或负面意象等上面。他们发现，对于积极聚焦者来说，在正面信息的背景下，支持平等的口号更有说服力，而对预防聚焦型的人来说，在负面信息的背景之下，反对偏见的口号更有说服力。

如果你关于某个群体的认识被推翻，怎么办？

如果某人的行为与你对他那个群体的印象大相径庭，你会怎么办？你遇到一个女性数学天才、男护士、黑人 CEO，或者亚裔篮球巨星，你又会有何反应呢？总体来说，如果世界和我们预想的非常不一致，这会令人有点儿不安。我们期望我们的环境（包括其中的人们）是一个大致可以预测的地方，这样我们才能制订计划，并在处理遇到的问题时有一定的信心。如果你吃到了一个长得像苹果却尝起来像虾的水果，你会有何反应？

推翻某个想法，哪怕是个带有偏见的想法，都是令人害怕的。你可能没有察觉到这一点，但是，通过使用先进仪器来测量我们的心跳、皮肤传导性和压力荷尔蒙等，心理学家可以觉察到我们的恐惧。在你所意识不到的更深层面上，期望的推翻令你备感不安。为了摆脱这种威胁，我们最通常的反应就是忽视带给我们威胁的信息，所以，即使有许多有力的证据表明某个刻板印象是错误的，我们的这种印象还依然会顽固存在。

在感到有人打破了他们的期望之后，预防聚焦型的人会感到更加焦虑。但是，研究表明，他们不会忽视这种行为，而是会更好地记住这种与自己印象不一致的行为。实际上，研究表明，预防聚焦型的人更可能希望与那个让自己质疑过去观念的人继续交往，以便真正了解那个人，这是因为，他们希望理解自己到底哪里错了，正确的观念应该是什么样的。他们希望认识那位女性数学天才或者黑人 CEO，这样他们会有信心让自己能够更好地处理这样的事情。可见，预防聚焦型的人虽然更可能会躲避其他群体的成员，但是，一旦他们意识到自己对那个群体的认识是错的，他们会更加注意，尽量改正。

积极聚焦和预防聚焦赋予了我们洞察我们这个时代最重要的社会问题的能力。哪些社会政策需要改革？掌权的人怎么看没有权力却希望掌权的人？如何劝说公民多参加投票？去投谁的票（不投谁的票）？我们如何看待"自我"？在多大程度上，我们所属的群体构成"自我"的一部分？我们如何对待其他群体的人？如何最有效地克服和谐之路上的障碍，如刻板印象和偏见？为了找到以上问题的答案，政界人士、社会活动者和教育工作者最好将动机性聚焦考虑进去。

第八章　识别并改变聚焦方式

到现在为止，你无疑已经非常了解你自己是积极聚焦型或者预防聚焦型了。如何识别他人的动机，你才能分配他们做合适的工作？或者，如何调整自己的谈话内容以求取得最佳效果？这里的他人可能是你的伴侣、雇员、孩子、学生、选民或者是希望购买你的产品的顾客。在大多数情况下，像我们在研究中心那样散发问卷调查来确定某人的动机聚焦，是不现实的。现在，我们将教你如何运用年龄、文化、个人价值观和职业等方面的信息做出较为明智且准确的猜测。

我们也会教你如何去寻找有用的线索：你的雇员是关心晋升还是只求保住现在的位置？你的目标客户是更关心花哨的配饰还是更关心可靠性与低成本？你在告诉十几岁的孩子抽烟很危险时，他听你的话吗？你那位不愿冒险的老板接受了你的创新点子吗？甚至我们参加的体育活动和日常使用的语言都会透露一些我们的聚焦模式。

判断你的听众的主导性聚焦非常重要，如果他们觉得你的承诺靠谱，他们就更愿意相信你的承诺。如果你的观点和主意是用他们的动机性语言表达出来的，你就会更容易说服他们。但是，在你有能力做到这一点之前，你需要首先了解对某个人或者听众应该使用什么样的语言。

年龄中的线索

如果我们说积极聚焦心态在年轻人中更加普遍，你肯定不会吃惊的。青年时期是聚焦于未来希望的时期，是你展望未来理想的时期。在这个时期，你没有太多的责任，而且，你仍然相信你能够做任何你想做的事情。哦，还有，你以为自己永远不会死，这可以说是强烈积极聚焦的秘诀了。

随着我们慢慢长大，我们的动机开始发生变化。突然，我们需要还房贷，需要养家，养孩子。（谈到孩子，新妈妈们是最最预防聚焦的人群了。她们面前有一个巨大的挑战：保护那些完全无助、什么都不懂、胆子却比天还大的小孩子，不让他们受到周围这个充满了细菌、尖锐物品和电源插孔的世界的伤害。做了新妈妈几乎意味着不间断的警惕。）

我们年龄越大，越倾向于抓住眼前的一切，我们努力工作才换来的一切。我们经历了更多的痛苦和损失，体验过生活中的挫折，也学到了一些教训。因此，随着我们逐渐变老，在实现目标的过程中，我们更倾向于采用预防心态。

在工作场合，我们经常可以看到这种因为年龄而导致的聚焦差别，如果对工作稳定性和时间安排的灵活性等非常满意，那么，这预示着老员工会比较忠实于此份工作；如果有机会提高技能并将工资待遇与业绩挂钩，三十岁以下的员工会更忠实于此工作。

文化中的线索

我们在上一章提到，美国人（更笼统地说，西方人）对自我的看法更独立一些，因此在实现目标方面，他们也更加积极聚焦。东亚和南美洲的文化侧重相互依赖和对集体的责任，因此，那里的人会更加预防聚焦。

即使在一个国家里，不同地区的人也可能有不同的文化范式，即看事物、做事情的方式不同。比如，美国西北部靠太平洋地区（即加州北部、华盛顿州和俄勒冈州）的人相对而言更加积极聚焦，而中西部的人则要更预防聚焦一些。说西班牙语的人比美国的其他族裔更偏于预防聚焦。

无论你在哪里，如果你看到那里的人紧密地生活在集体当中，并按照比较固定（大家都同意的）的方式生活，那么，那里通常会有较强烈的预防聚焦。在人们之间的关系不那么紧密、流动性很大的地方，那么，那里的积极聚焦会较为强烈。

职业和运动方面的线索

积极与预防聚焦的人会很自然地受到不同职业的吸引。预防聚焦型的人更可能会做心理学家称之为“传统而现实”的工作，如行政人员、簿记员、会计、技术员和产业工人等。这些工作需要人们清楚规章制度，需要认真操作，还需要精准周到，做这样的工作，关注细节会大有好处。

积极聚焦型的人更可能会追求“艺术和调研”方面的职业，如音乐教师、广告策划员、发明家和咨询师等。这些工作都需要有打破常规的思维，思维方式推陈出新的人会得到奖励，而人们不太强调实际性。

由于受到不同动机的驱动，积极聚焦型和预防聚焦型的人会选择不同的职业。研究结果表明，预防聚焦型的工人评价一份工作是好是坏的标准是它的稳定性、具体工作环境和工资待遇。积极聚焦型的工人则相反，他们更关心工作能否提供自我成长的空间、技能的提高和工作的挑战性。

可见，如果你想知道某个人的动机聚焦模式是什么样的，他的职业也是一条有价值的线索。不过，请记住，你不仅要看这个人选择何种工作，还要看他是否真的对自己的选择感到满意。经常抱怨自己工作不能充分发挥自己才能的会计可能并不是预防聚焦的，虽然他的工作让他看起来像是预防聚焦。

有趣的是，正如某份工作能够告诉我们做这份工作的人大概是什么样的，一个人从事的体育运动也能提供给我们关于此人的许多信息。比如，平均来看，篮球和足球运动员比网球和体操运动员更倾向于积极聚焦。体操需要完美无缺的表现，出错就要扣分。网球运动员可以通过大力抽球得分，也可以通过集中注意力避免失误得分，如果你失误，对手就得分了。需要精确度和避免错误的运动会自然而然地吸引预防聚焦型的人。

足球和篮球则是需要累积分数，得分完全没有任何限制，关键在于在场上不断进攻，争取得分。防守好也很重要，但最终，你还需尽量利用对手的失误来进攻得分。在你截下了对手的传球或者抢到篮球之后，还是要射门或投篮，只有通过得分才能赢得比赛。这些都使得玩足球或篮球非常适合积极聚焦者。

甚至有证据表明，你在球队的位置也能告诉别人你的主导性动机聚焦。例如，在橄榄球队里，进攻队员（得分多的队员）比防守队员更加积极聚焦。

行为、选择和情感方面的线索

到现在为止，我们提供给你的这些信息还不足以帮助你判断我们在研究中心的同事乔和雷是否拥有不同的动机聚焦模式。他们两个年龄相当（大约 40 岁），做着同样的工作（心理学研究者），都出生和成长于美国的东北部地区。我们如何分辨他们两个的聚焦模式呢？通过看他们做事的方式，即他们的日常表现。

如果你有机会观察你的目标听众做事（如果你的听众是你的雇员、伴侣、孩子或学生），你就很容易确定他们的主导性动机聚焦是积极的还是预防性的。请从下面寻找线索：

积极聚焦型

做事迅速。他们急于达到目标，并急于奔向下一个机会。这可能导致他们的工作质量受到影响。

考虑多种选择。他们非常擅长头脑风暴，善于创造性地解决问题。他们不愿意坚持某一种做事的方法，但这可能会导致拖延。

愿意接受新机会。如果有获益的新机会，哪怕是有风险的机会，他们一定会乐意尝试。这样，他们很容易承担过多的工作。

乐观展望未来。他们可能做事迅速，但他们判断时间的能力并不一定很强。他们的计划总是“最好情况下的前景”，他们经常会低估完成某任务所需的时间。（他们的乐观也适用于其他结果。他们总会说：“别担心，你会做得很好！”）

寻找积极反馈，如果得不到，容易泄气。负面情绪和疑虑是积极聚焦者的敌人。他们会一次次向你寻求表扬，表扬能让他们继续向前。

感到高兴或悲伤。如果事情顺利，积极聚焦型的人会非常高兴和自信；如果事情不顺，他们则会非常伤心。通过想象未来会变好，他们会重新打起精神。在日常生活的起起落落中，他们会将那装了一半水的杯子看作半满的。

预防聚焦型

工作缓慢而认真。如果你试图让他们快一点，他们要么会忽视你的建议，或者公开反对你的建议。他们感兴趣的是精确度，不是速度，是质量，而非数量。他们不会拖延，而是准时开始，做自己应该做的事情。

随时准备着。他们彻底考虑了所有的方案，想象了各种不利因素或者失败的可能性，他们为“最坏的情况”做好了打算。（积极聚焦型的人总是“希望最好的情况发生”。）

会因为期限短而压力倍增。考虑清楚所有可能出错之处并做好相应准备是需要时间的。如果没有足够的时间，预防聚焦型的人就会感到准备不足，因而容易发怒。

坚持已知的做事方法。他们更喜欢经检验可靠的方法。如果你想用新方法做事，你最好有充分的证据表明这个方法有用而且必需。他们的格言是“如果没有坏掉，就不用修理”。

面对表扬或者乐观态度会感到不安。即使有证据表明一切都正常，他们还是不会放松，除非一切都完成了。在某个重要考试或者报告之前，他们会躲着积极聚焦型的朋友，不想听他们说："别担心，你会做得很好！"这样的支持会让他们丧失他们需要的警惕。

感到担心或者轻松。预防聚焦型的人，尤其是那些成功人士，他们通常会感到一丝焦虑或担心。哪怕事情进展得很顺利，他们也不想丧失警惕。所以，他们会想象，如果他们不够谨慎或者不够努力，哪里可能会出错。在某次重大成功之后，他们会感到轻松，甚至暂时会感到满足。不过时间不长，他们很快又会变得紧张起来，担心如果自己不够警惕，又要出什么错了。他们不会将装了半杯水的杯子看作是半空的，而是觉得，如果自己不够谨慎，杯子就会全空了。

价值观和言语中的线索

"保险一点总比遗憾好"，还是"不入虎穴，焉得虎子"？我们在日常会话里使用的这些表达方式，我们传递给他人的这些智慧的结晶，透过这些，也能了解我们的主导性动机聚焦。下面是一些常用的谚语，它们能够帮助我们了解那些使用谚语者或者同意谚语观点的人。

预防聚焦谚语

一鸟在手好于两鸟在林。

（翻译：如果事情现在足够好，那就尽量避免冒险。）

闪光的不全是金子。

（翻译：不要犯傻而被外表所蒙蔽。）

不要将鸡蛋都放进一个篮子里。

（翻译：保护自己不遭受灾难性的失败。）

孵出小鸡之前，不要数蛋。

（翻译：不要过分自信或过分乐观。）

欲速则不达。

（翻译：不要着急，要谨慎而周全。）

积极聚焦谚语

这是小菜一碟。

（我们最喜欢用的谚语之一）

悲观主义者在机会中看到困难，乐观主义者在困难中看到机会。

（翻译：要乐观！）

迟到总比不到好。

（翻译：只要现在还能享受或探索，不要担心最后期限。这一条简直让预防聚焦型的人吓得发抖。）

破釜沉舟。

豁出去了。

要么做大，要么回家。

（我们最喜欢用的谚语之一）

停泊在港湾的船是安全的，但那并不是我们造船的目的。

（翻译：为了获大利，冒大险是值得的。）

胜者为王。

（翻译：胜者通吃。）

总的来说，我们可以从人们的价值观中看出积极聚焦和预防聚焦的端倪。预防聚焦的人喜欢传统。他们将循规蹈矩、按照既定行为准则做事看作好事。他们非常重视安全（自己、家庭以及群体的安全）。再说一遍，他们相信，“如果没有坏掉，就不要修”。他们抗拒变化，因为变化可能使事情变糟。只有真正身处危险以后，他们才会考虑变化。变化必须是必需的，他们才会真正着手去改变。

积极聚焦型的人更重视前进、自我引领和新奇的经历。（我们刚才提到“变化是生活的调料”这句谚语了吗？这也是一条积极聚焦谚语。）他们愿意改变，积极接受改变，因为改变提供了获益的新机会。他们知道这会涉及冒险，不过，如果有提升的机会，他们暂且愿意相信那个他们并不认识的魔鬼。

改变聚焦，至少暂时改变

有时候，你并不想仅仅识别他人的聚焦，而是想改变它。如果某种聚焦的优势非常适合完成手头的任务，那么，你希望这份任务最好以这种聚焦方式完成，你可能就需要将他人的聚焦改成这种模式了。如果某种聚焦不适合眼前的任务或者形势，你就不会仅仅想识别并维持他人的聚焦模式。设想一下：你需要你的员工拿出有创造性的好点子，可是你注意到他这个人谨慎得要命，他很可能需要一点积极聚焦才能顺利完成工作。你需要你那位好幻想、乐观的伴侣开始认真考虑你们的财务和预算，你会希望他多一点预防聚焦。或者，还比如，你需要向一群以为自己长生不老的人（如年轻人）销售一款预防聚焦的产品（如保险）。

有个好消息，人们的动机聚焦能够比较容易地发生转换，至少是暂时性的转换。为了做出某个决定或者以最优聚焦方式完成某个任务，只要暂时性的聚焦转换就够了。如果你觉得自己的主导性聚焦方式不太管用，你也可以运用这些策略来改变你自己的聚焦。你练习的次数越多，转换成另一个视角看事物的过程就越自然，转换过程越发自动。

如果我这么做，会怎么样？

也许转换自己或者他人动机聚焦的最直截了当的方法是，想想完成某事或者做出某种选择之后会发生什么，也就是，想想那些可能的结果。如果想要积极聚焦，人们需要关注某一境况下可能会有什么益处。在试验中，我们请参与者考虑：他们买了某款马克杯或者钢笔对他们自己有何好处（购物喜好研究中做选择的积极方式），或者，如果他们完成任务出色，就让他们去做点有趣的事情（如玩抓阄转轮），这样都能很有效地将他们置身于积极聚焦思维中。

所以，如果你的妻子正在努力鼓足勇气接受一份新工作，但是她有点担心，因为她要离开目前的工作，去做一份不那么熟悉的工作，这有点冒险。她这时候需要聚焦于薪金的提升、更大的创造空间和新工作带来的各种令人兴奋的机会。她越是考虑这些好处，就越变得积极聚焦，在做出选择迈入未知时就越发心安。

如果需要采用预防聚焦，人们需要考虑：如果不做某事或者不做某个选择可能会损失什么。通过让试验者考虑不买马克杯或者钢笔（谨慎做选择的方式）他们可能会损失什么，或者，我们告诉他们，如果他们的任务完成得不好，就让他们去做非常乏味的事情（如校对稿子），我们就使试验者进入了预防聚焦思维。（我们意识到，这些听起来不太有趣。不过，我们从来没有说预防性聚焦有趣，它只是非常有用。）

假设，你的丈夫在修理房子的事情上一直拖延着，他这时就需要一点预防性聚焦。他不应该再继续考虑周日的体育比赛了，而是应该多花点时间想想，如果他再不修房子，家里会出什么事。他需要想想如何维持房子的现值，堵塞的下水道里的污水可能会削弱房子的地基，你们现在加热那些隔热效果不好的地方是在白白浪费钱，等等。他马上就会拿起填缝枪，开始保卫你们的家园（和钱包），让其不受到冬日寒风的影响。

列单子

也可以通过请人们列单子或者从单子上做选择的方法来引发积极聚焦思维，在单子上列出的是相关情境下可能发生在他们身上的种种好事。比如，如果让你列出度假时你喜欢做的事（如吃美食、睡懒觉、在沙滩上读书等），你可能在制订度假计划时就更加积极聚焦。如果请你列出在度假时应该避免的那些消极的事（如昂贵的旅店花销、肠胃闹毛病，等等），你可能在制订度假计划时就更加预防聚焦。

我们两位作者之一（格兰特·霍尔沃森）真的经常使用这个策略来转换她自己的聚焦。她说：

在工作方面，我非常积极聚焦，可是，在家里时我倾向于预防聚焦。由于我父母严格的德国式教育，还由于我是两个小孩子的妈妈，我通常将自己的个人生活看作一系列的责任和义务。在我的第一个小孩出生之后，我开始发现到处都很危险，这个世界突然充满了细菌、凶猛的动物、尖锐的物品，等等，到今天还是这样。对我来说，到国外度假太困难了。（孩子们在飞机上会表现如何？他们会倒不过来时差吧？他们需要使用防过敏药物吗？他们会不会因为无聊而最后把我们逼疯？）

最后，事情发展到我几乎没法享受片刻放松了，很明显，我需要我的积极聚焦。后来，当我和丈夫考虑去旅行的时候，我几乎是强迫自己列了一份单子，列出旅行为什么会很美妙的所有原因：我们可以看和做许多新鲜的事，可以和家人和朋友团聚，等等。每当我感到自己开始担心时差，或者担心有没有二十四小时营业的药店的时候，我就读一读这份单子，想象一下通过冒这个险我能得到什么。很快，我就会再次憧憬旅行，不再担心事情是否会样样顺利。

思考自己的未来或过去

最近几年里，心理学实验室里操控他人动机聚焦最常用的方法，是请试验对象写点东西（一两段即可），写下他们的希望和憧憬（积极的理想），或者写下他们的责任和义务（预防式的现实）。当你写出（或者仅仅是考虑）你的梦想的时候，诸如遇见合适的另一半，全家在加勒比海度假，或者写出获奖小说等，你就能够变得更加积极聚焦。如果你写出自己的责任，诸如抚养孩子，为退休存钱，或者为你的集体做贡献等，你就转换为预防聚焦。

无论你写的是自己的未来（即你希望达到的目标）还是你的过去（即你曾经成功达到的目标），这个方法都有效。如果你有记日记的习惯，当你觉得需要一点积极聚焦或预防聚焦的时候，你可以每天在日记里加上一段内容，或者是你的梦想，或者是你的责任。这是很容易做的事情，但随着时间的推移，这会让你自动地获得你需要的那种聚焦模式。

教师在课堂上也可以使用这个好方法。如果教学内容需要创造性的方法（如艺术、戏剧或者写作课），让学生们考虑自己的梦想可以带来较为有利于创造的积极聚焦。如果需要认真和精确度（如数学和其他科学科目），让学生们考虑自己的责任会带来预防聚焦，化学实验室里爆炸的试管也会减少很多。

进行框定

我们最早发明的一个操控动机性聚焦的方法叫作“任务框定”。其基本理念是，让不同的人做同样的事，但是，你需要巧妙地调整他们对于什么叫做得好的理解。为了让他们具有积极聚焦，你告诉他们，如果他们做得好，就能赢得什么东西。比如，你付给他们 4 美元让他们参与试验，如果他们做得好，就可以再得到 1 美元。为了让他们具有预防聚焦，你付给他们 5 美元参与试验，如果做得不好，他们就被扣掉 1 美元。在本书前面的某处，我们已经提到，试验的结果其实一样：只要做得好，就能得到 5 美元，做得不好就只得到 4 美元。能让我们达到预期目的的是我们对这个结果的框定。

几乎在任何事情上，你都可以运用这种框定方法，只是需要稍稍调整一下你的刺激方式。交作业的孩子可以参加田野考察（积极），或者没有交作业的孩子不能参加田野考察（预防）。达到业绩要求的员工赢得某项特别奖励（积极），或者没有达到要求的员工失去某项福利（预防）。如果达到标准的表现意味着获益，这会造就积极聚焦。当达不到标准的表现意味着损失，这会造就预防聚焦。

尝试不同的自我概念

如前所述，那些具有比较独立的自我概念的人倾向于积极聚焦，那些认为自我与他人彼此依存的人倾向于预防聚焦。明白了这一点，通过改变某个人的自我概念，你同样可以以几种方式改变他的主导性聚焦。如果人们在独立做一个项目，他们会感到更加独立（也更加积极聚焦）；如果他们在进行团队合作，他们会感到相互依赖（并且更加预防聚焦）。实际上，仅仅通过观看个人或团体（运动队或家庭）的意象，就能启动不同的自我概念。

比如，人们看到了一个跑鞋广告，广告里包含一些个人运动的意象（马拉松、游泳、高尔夫、自行车），这些人会变得较为积极聚焦，因此，他们会更喜欢宣称这双鞋能够“提升跑步能力”的广告版本，而不太喜欢宣称它能帮助“避免跑步的痛苦”的那个版本。如果那些人看到的广告里包含的是集体运动（足球、篮球、棒球、橄榄球），他们会变得更加预防聚焦，会更喜欢宣传这种运动鞋能够避免跑步的痛苦的广告版本，而不是另外一个。

可见，如果你希望你的员工、学生或顾客拥有积极心态，你就强调个人：你可以实现这个目标，你可以掌握这些材料，你可以从这种产品中受益。如果你需要他们拥有预防心态，你就以群组为单位谈论他正在做的事情：我们齐心协力完成这个目标，我们都可以掌握这些材料，你的家人可以从这种产品中受益。将词汇和意象在“我”和“我们”之间进行转换，这是实现你需要的聚焦转换的最简单的方法之一。

榜样很重要

你的母亲是不是预防性动机聚焦的典范？她是否总是那么井井有条，对一切都把控良好，还经常警告你到处都存在危险？你的哥哥是不是一个爱冒险、积极聚焦的胆大鬼？他曾经仅仅靠一百元钱和微笑而背包走遍了欧洲？如果你和一个具有强烈积极聚焦的人很亲近，研究表明，仅仅想想这个人就能够让你更趋近他的聚焦模式。如果你不认识这样的一个人，你可以考虑某个著名人物或榜样。

著名的积极聚焦型人物：

理查德·布兰森——维珍唱片公司、维珍航空公司和维珍银河公司的创始人，白手起家的亿万富翁，几项空中旅行的最快世界纪录保持者

埃维尔·克尼维尔——冒险家，摩托车飞人，因一生摔断骨头次数最多而成为吉尼斯世界纪录保持者

穆罕穆德·阿里——绰号“最伟大者”，重量级世界拳击

冠军，社会活动家，大胆而公开反对越战者，《体育画报》评选的世纪巨星

著名的预防聚焦型人物：

玛莎·斯图亚特——作家、设计师、电视名人、自我册封的“疯狂的完美主义者”

弗雷德·阿斯塔尔——世界著名舞蹈家、编舞师、演员，以其技术控制，优雅、精准的动作及对重复排练和多次拍摄的坚持而闻名

玛格丽特·撒切尔——绰号“铁娘子”，二十世纪任职时间最长的（且唯一的女性）英国首相，保守党和鹰派的代表人物

格言很重要

正如谚语可以告诉我们有关其创作者和使用者的心态，口号和格言也能透露其群体或组织的许多信息。例如，美第奇家族（佛罗伦萨显赫的银行家家族）统治意大利几乎长达三个世纪，这个家族的格言非常贴切：“以钱取得权力，以权力保护钱。”美国海军陆战队的格言“semper fidelis”（拉丁文：永远忠诚）无时不在提醒队员们对彼此忠诚，对团队忠诚，对国家忠诚。《纽约时报》的格言“适合印刷的所有新闻”由其创办者阿道夫·S. 奥克斯提出，旨在传达公正报道新闻的决心。谷歌公司的非正式格言“不要干坏事”一直在提醒着公司领导和员工们不应该以牺牲公众利益为代价来追求短期利润。

你可以选择合适的格言，来代表你的群体、团队或组织的价值观和理念，并以此来影响团队的动机聚焦。虽然团队的每个人在刚开始阶段可能持不同的观点，但随着时间的推移，他们会逐渐发展出心理学家所谓的“共享现实”，即某种大家能够达成共识的看事物、做事情的方式，这可能是积极聚焦的，也可能是预防聚焦的。

研究表明，如果人们所加入的团队的格言是“有志者事竟成”，他们会变得更加积极聚焦，如果团队的格言是“防范胜于补救”，他们就变得更加预防聚焦。可见，选择合适的口号是让团队成员形成同样的聚焦模式的有力方法。

积极聚焦型的格言

“勇者事成”——第366战斗机联队

“前进”——剑桥大学丘吉尔学院

“更高，更快，更强”——奥林匹克运动会

“重新考虑可能”——美国电报电话公司

预防聚焦型的格言

“学习的成果是良好的性格与正直的品行”——孟买大学

“问题止于此处”——哈里·杜鲁门

“时刻准备着”——美国男童子军

“永远不再发生”——犹太防卫联盟

在本书的第一部分，你学会了如何区分积极聚焦与预防聚焦，了解了我们的聚焦模式如何影响我们的一切（我们关注什么，我们记住什么，我们感觉如何)，如何影响我们所做的一切（我们如何工作、恋爱、做父母、做决定、与他人交往)。了解聚焦模式可以帮助你识别你自己以及他人的动机方面的优势与劣势，并学会如何才能焕发起你自己或他人最好的一面。你也学会了如何“诊断”你自己和他人的积极或预防聚焦，学会了在必要的情况下如何改变自己或他人的聚焦。

在第二部分，我们将教你运用你所学的知识，并成为一个更有效的影响者。你将学会你的听众的动机语言，并巧妙调整自己的言谈方式或任务框定方式，以便能够更加有效地激励、吸引或说服你的听众。

第二部分

动机匹配

第九章　匹配最重要

我们研究中心的同事乔和雷正在申请“国家科学基金”的研究课题基金，都需要赶在截止期限前完成申请工作。他们要准备的文字材料和表格之繁杂，相比之下，填写个人所得税申报单也成了小菜一碟。完成这样一份既复杂又讨厌的工作需要巨大的动力。在完成这种任务时，没有哪一种动机聚焦更适合（我们在第八章讨论过），两种聚焦模式都可以。关键问题是，动力必须足够强。那么，我们该对乔和雷说些什么，才能增强他们的动力，完成这份工作？在本书剩下的几章里你会读到，如果你调整自己的语言，使之与听众的动机聚焦相匹配，你就可以更有效地鼓动某人更好地完成任务、购买某产品，或者接受某个观点或信仰。我们已经知道，适合雷的鼓励话并不适合乔。那么，你该如何创造这种匹配?

仅仅是投其所好?

我们大多数人所熟悉的“匹配”的概念是，某人的需求或愿望与某观点、行动或产品所能提供的东西相一致。（对乔和雷来说，申请“国家科学基金”与他们对于课题基金的紧迫需求一致。）营销人员都会有一套说辞，来影响我们的观念，引导人们购买某种产品。持自由思想的雅皮们之所以想购买普锐斯，就是因为普锐斯的宣传理念是“我又帅，又环保”，而这些雅皮们就想成为这样的人。满怀忧虑的家长给女儿买的第一辆车会是沃尔沃，因为沃尔沃宣传“在与孩子有关的事情上，我一向安全第一”，而安全正是家长们所寻求的。

我们的研究表明，动机匹配是一个非常微妙的概念，它不仅仅是“投其所好”或者“让你的产品满足他们的需求”这么简单。简单地说，动机匹配，不仅仅是指人们的需求和收获之间的匹配，还指他们的需求与满足需求的方法（他们达到目标的方式）之间的匹配。

举例说明，你可以通过少吃或者多运动来减重。你可以通过风险投资或者不冒险的投资来实现退休后的梦想。你可以通过多说话或者少说话来给人留下好印象。人们在做事的方式上绝对有不同的喜好，这里不仅仅指事情的结果，还包括过程，而且，这些喜好会受到积极或预防动机的影响。如果我们采用的方法能够维持或支持我们当前的动机聚焦，我们体验到动机的匹配，这里的方法包括我们做决策的方式，我们考虑哪种信息，或者我们运用何种策略来实现目标，等等。可见，乔需要一种能够维持预防聚焦动机的方法来解决基金申请的问题，即维持或提高他天生的谨慎的方法，而雷则需要一种能够与他的积极聚焦动机匹配的途径来解决问题，提高他天生的积极性。

影响者们习惯于更多地考虑人们的需求，而倾向于忽视这个事实：人们对满足需求的方式也有不同的偏好，而这些不同偏好的强烈程度可能与他们实现目标的愿望的强烈程度相差无几。当人们体验到动机匹配，他们会觉得对劲儿，他们对自己正在做的事情会更加投入。感觉对劲儿并有了更大的投入又会提高认知价值。如果乔和雷体验到动机的匹配，他们会更有动力按时完成申请的程序，并且，他们会更加投入这个工作，更加重视申请工作，因而写出更好的申请报告。

当人们考虑你的产品或观点并体验到动机的匹配时，他们会受到更大的吸引，对自己的感觉更有信心，因而，他们会花更多的钱或做更多的事来获得它们。他们相信你的产品与其竞争对手相比，一定会物有所值并且会兑现承诺。在他们聆听你描述某项工作或听取你的反馈时，如果他们能够体验到动机的匹配，他们会更加认为你的话公平，他们会更投入，工作效率也会提高。

你会看到，我们现在要求你所做的语言调整可能是非常微妙的。比如，你想卖车给乔和雷，对积极聚焦的雷，你应该谈这款车“优越的行车里程”，但对预防聚焦的乔，你需要谈它的“低燃油成本”。如果雷想买限量版的车，你应该提醒他关注这款车的“附加”功能（毕竟，他总是想要最新的和最好的），但对乔，你就得强调，如果他不买，那会是一个多么大的“错误”（他不想犯错误去买一款低劣的产品）。如果你觉得这个区别不那么重要，只是选词上的不同，你就大错特错了。

最后，顾客可能购买同样的东西，雷和乔最终可能会开走同一款车。但是，从动机学上看，他们做出购买决定的过程却有着天差地别：或者是抓住机会得到好东西（如优越的里程或附加功能）的积极聚焦策略，或者是避免坏事（如高燃油成本或低劣的产品）的预防聚焦策略。在推销观点或产品时，了解上述哪一个版本对你的雇员、孩子、学生或顾客更有效，就是在创造动机匹配。

在本章中，我们将讲述创造动机匹配的基本知识，并将展示如何预测动机匹配何时出现，以及为什么会出现。我们先从最喜欢的一个例子——利多牌酒杯的销售策略开始讲起吧，这个例子充分说明了匹配的威力。

如果杯子匹配，就用它喝酒吧

在赛斯·戈尔丁的畅销书《所有的营销人员都撒谎》中，他认为利多酒杯营销成功的秘诀在于演绎了一个绝妙的故事。他分析这个故事如何改变了消费者的体验。归根结底，这个营销故事关乎方法的重要性。

喝优质葡萄酒背后的动机是积极聚焦的，因为这一体验与享乐、品味和地位有关。没有人会出于安全或者因为它物有所值，就掏出 100 美元买一瓶葡萄酒。在一项蒙眼的味觉测试中，研究者得到了非常有力的证据：大多数人根本品不出昂贵与廉价葡萄酒的味道有什么差别。可是，这根本不能阻止（积极聚焦的）人们想要喝昂贵葡萄酒的欲望，这是因为，在他们的心灵深处，他们依然相信好酒应该更昂贵，也一定会更昂贵，正是昂贵才使得它成为奢侈品，因此，他们想喝更贵的酒。将你的酒标价为 100 美元一瓶而非 10 美元一瓶，这就是考虑到了人们的观念，并将产品与其观念进行匹配。

你喝酒时使用的酒杯与你想要的东西关系并不大，但是，它和你消费这东西的方式有关。用 20 美元一个的利多酒杯喝昂贵的葡萄酒感觉很对劲儿，你觉着就是应该使用这样的酒杯将这么昂贵高端的酒送入口中。用最好的酒杯喝酒能够支持你喝最好的酒这一目标，这就创造了匹配，这个匹配使得你喝酒的整个体验更加物有所值。

品酒师发誓，用利多酒杯喝酒，酒的味道真的会更好，不过，科学实验却表明，利多酒杯和一块钱一个的酒杯没有什么差别。正如戈尔丁所指出的，虽然杯子之间没有区别，顾客感受到的价值却是有区别的。他和利多公司的人都没有意识到：这根本不是贵贱的问题，而是由于动机的匹配，所以，消费者实际体验到的酒的价值增长了。

感觉匹配

如前所述，体验到匹配的实质在于，能够以支持（而非破坏）积极或预防动机的方式来努力实现某目标，也就是说，无论你的动机如何，你以自己希望的方式做事情。积极的方式（如勇敢、乐观、做事迅速、爱冒险等）与积极动机相匹配。如果你做事，你更可能会获益，你不愿意放弃发展的机会。警惕的方式（如谨慎、准确、避免犯错等）与预防动机相匹配。如果你做事认真仔细，你就更能够避免损失，少犯错误。

当我们问人们，动机匹配时感觉怎么样，那是什么样的一种体验，他们通常回答说，他们就是感到对劲儿。请注意，感到“对劲儿”，并不一定等于感觉“很好”。想象你的未来将充满阳光和玫瑰花，这可能是美好的感觉，可是，对于预防聚焦型的人来说，有这种感觉的时候，他们仍会觉得不对劲儿，因为这样的想法太天真，太危险。有条不紊地为最坏的情况做准备则会让他们感觉很对劲儿，但是，考虑那些最坏的情况绝不是美好的感觉。

预防聚焦型的人觉得最恼火的是，人们总是对他们说，既然他们总是愿意自寻烦恼、纠缠于细节，那么，他们一定是从中得到很多乐趣吧。这一点我们要明确，是的，他们是得到一些乐趣，但重要的是，他们觉得只有这么做才正确。感到对劲儿才是关键，他们知道，这样的话他们已经为各种情况做好了准备，他们为自己的高效而感到满足。

劝说他人的两种途径

如果人们感觉对劲儿，他们就更容易被你的话所说服，无论你是劝他们买你的牙膏，劝他们做家庭作业，还是劝他们改变对工作的预期。不过，感觉对劲儿怎样才能转变为有效的劝说？结果证明，动机匹配通过两种不同的机制影响你对某产品或某观念的态度，这取决于这个观点或产品对你的重要性。

当匹配真的很重要时

如果劝说的内容非常重要，是与你个人密切相关的事情，那么，动机匹配给你带来的对劲儿的感觉，会使你对自己的判断更有信心，从而对劝说的效果产生影响。它会增强你对所见到的和所听到的一切的反应（或者是积极反应，或者是消极反应）。这样，你的初始感觉会更加强烈。如果不匹配，你会感觉不对劲儿，这会削弱你的反应（不太积极或者不太消极）。

所以，如果你是铁杆汽车粉丝，是真正对汽车着迷的人，你正在翻阅一本《汽车趋势》杂志，你可能会对汽车广告加以特别的关注，对每一个新车型产生一个大概印象。如果你觉得某个广告很对你的胃口（比如，广告针对的是获益，而在汽车方面，你是积极聚焦型的人），你就会觉得很对劲儿，对自己的判断也更有信心。如果你喜欢某款新汽车，你就会因为匹配而更加喜欢它。如果另一款车让你厌烦，比如，你认为它样式太难看，外形太平庸，那么，你的匹配带来的自信心会让你更加讨厌这款车。

当匹配（坦率地说）不太重要时

如果劝说的内容不太重要，或者与你个人没有太大关系，那么，你可能不会去权衡利弊做判断，你根本不会去刻意评价。“感到对劲儿”仅仅是你的一个大概向导，如果我觉得对劲儿（匹配），那这个一定是好东西。如果我觉得不太对劲儿（不匹配），这个一定不好。

假设你不是汽车迷，你都分不出来保时捷和庞蒂克的区别，你现在正在翻阅星期日的报纸，你可能不太去特别关注汽车广告，不过你可能会扫上一两眼。如果你也感觉到某个广告做得不错（比如，这一次广告是以损失框定的，而你是预防聚焦型的人），你感觉挺对劲儿，这种感觉就会成为你判断的基础。如果看到雅阁的时候你觉得对劲儿，你可能会对雅阁产生好印象。（如果你不喜欢这条广告，你就会觉得不对劲儿，就不会那么喜欢雅阁。）

让我们运用实例来再一次解释这两种劝说方法。我们请实验参与者看一则咖啡广告，广告宣传喝咖啡对健康的不利之处。广告里有这样的句子：“咖啡影响身体对维生素 C 的吸收。”“爱身体，不要爱咖啡；降低咖啡因摄入量。”在第一个试验中，我们告诉参与试验者，这则广告要出现在下个月的一个全国性宣传运动中，广告公司会认真考虑他们的反应。

因为他们的观点很重要，这则广告就与他们个人密切相关了。因此，所有的试验参与者都认真阅读广告内容。既然广告的内容是反对咖啡，这让他们对咖啡的态度更加消极。在读广告的时候，感到动机匹配的人对广告内容的态度也会更加消极。也就是说，匹配加重了他们对于广告内容的（消极）反应。他们的思维过程（基本上是无意识的）大致如下：

> 感到匹配的人：认真读了广告的内容后，我对咖啡有了自己的看法——咖啡不好。我觉得自己的观点是对的。咖啡一定是非常不好吧。
>
> 感到不匹配的人：认真读了广告的内容之后，我对咖啡有了自己的看法——咖啡不好。不过我不能肯定自己的观点是对的。咖啡也许没有那么坏吧。

在第二个试验中，我们给试验参与者同样的广告，但告诉他们，这个广告明年可能会刊登在欧洲的某报纸上，但不是太肯定。对这组人来说，这则广告不那么重要，或者说，与他们个人没有什么很大的关系，所以，他们不太需要非常认真地关注广告内容。完全可以拿自己感觉是否对劲儿来表达他们对咖啡的看法。在这种情况下，动机匹配导致了对咖啡更加积极的态度，而不匹配则导致了对咖啡的消极态度。他们的思考过程（基本是无意识的）大致如下：

感到匹配的人：我不太关心这些内容，我不需要太关心这广告。不过，现在我觉得咖啡挺好。咖啡应该很不错吧。

感到不匹配的人：我不太关心这些内容，我不需要太关心这广告。不过，现在我不觉得咖啡有多好。咖啡一定没有那么好吧。

对于劝说者或者鼓动者来说，这些意味着什么？你如何利用这些知识来更有效地说服你的听众？这里“你的听众”可能是你的员工、你的学生、超市购物者或者你的孩子。简而言之，这意味着，如果你的谈话内容对你的听众不太重要，或者谈话内容仅仅有关一些小事（如他们买哪个品牌的汽水），或者有关他们不太了解的东西（如聚合氯化铝是怎么回事），或者有关仅仅影响其他人的东西（如对外援助），这时候，如果你所说的话与他们的动机产生了匹配，你的鼓动性会更有吸引力。

假如你的谈话内容对你的听众很重要，你需要确保你的话不仅要适合你的听众，还要确保你的论据要非常有力。只有强有力的论据才能说服你的听众接受你的结论，这时候，如果他们能体验到动机匹配，他们会因为自己得出了正确的结论而更加自信。如果在谈论对你的听众很重要的事情时，你的论据很弱，说服力不够，你的听众会觉得抗拒你的结论才对劲儿，你的说服就失败了。可见，如果讨论的问题不太重要，即使你的论据不够强，你也可以利用动机匹配，但是，如果讨论的问题很重要，你就需要非常强有力、有说服力的论据才能利用动机匹配。

你说的话匹配吗？是的，很流畅

大多数说英语的美国人能够不太费力地理解英国女王、安东尼·霍普金斯或《美国偶像》前主持人西门·考威尔的话。虽然他们是英国口音，我们还是很容易就领会他们的意思。但是，如果是像奥兹·奥斯本、《猜火车》里的全部角色或《云图》中一半的演员那么说话，美国人就不那么容易听懂了。他们的口音与我们的差别太大，我们想要听懂还是很费劲的。虽然他们说的也是英语，可是美国听众听起来就不那么流畅，也就是说，他们话里的信息更难处理。

我们销售产品时的广告，我们在鼓动我们的员工、学生或孩子们时所说的话，在其流畅度，或者说信息处理的难易程度上，也有所不同。对流畅度的研究表明，总体来说，人们喜欢容易明白的内容，如果他们听到的内容既复杂又有点自相矛盾，他们就不会喜欢。可能这就是为什么英格玛·褒曼的瑞士电影《第七封印》（讲述中世界骑士和死神下棋的故事）远没有西尔维斯特·史泰龙的兰博系列的粉丝多。

实际上，提高信息的流畅度，因而增强其说服力和吸引力的方法之一，就是创造动机匹配。著名饮料品牌威尔驰葡萄汁的广告宣传它能提神，这就将它描述成了积极聚焦产品。如果广告语强调它带来的益处（提起神来！），而非相反（不要错过让自己提神的机会！），那么，购买者会认为这个广告容易明白，并给这个品牌打高分。

如果威尔驰葡萄汁的广告宣传是“它含抗氧化剂，能够预防癌症和心脏病”，这就将它描述成预防聚焦的产品了。如果广告语强调避免损失（不要错过阻止你的血管发生阻塞的机会！）而非相反（阻止血管阻塞！），那么，这个广告就会更加有效。

所以，如果你希望确保自己的信息畅通，即他人能够毫不费力地理解你的信息，那么，你就最好能够创造动机匹配，那样的话，人们能够顺畅地理解你的意思，并做出积极反应。

我们能看出什么是匹配的（这很重要）

学者们向刊物投了一篇稿子后，他们会得到回应（好几个月之后），这个回应通常有一个固定格式。刊物的编辑首先强调你这篇稿子的优点，那些你写得好的部分，然后，就罗列出稿子的不足，你写得不好的部分，或者写得不充分的部分。最后是编辑部的结论：修改不足之处方可发表，或者就是干脆重写。

如果你收到了编辑的回信，无论你是什么样的人，你一般会先看结尾。毕竟，最后的结论才是最重要的。可是，结论看完了之后，你会先读哪一部分呢，是表扬还是批评？如果你和雷一样，你很可能会回到开头，去看看你写得好的部分，编辑觉得有新意的部分；如果你和乔一样，你会直接去看不足之处，看看你哪里写得不好，尽量去修改，并且下次尽量避免出现同样的问题。

在某种程度上，人们自己经常创造动机匹配：通过特别关注他人反馈（劝导或者产品）中能够维持自己动机的部分。也就是说，你根据那些适合自己动机聚焦的属性来形成自己的观点，做出选择，采取行动，拒绝或忽略那些不适合的属性。

比如，积极聚焦型的消费者更可能会关注牙膏宣传中那些强调获益的部分：美白牙齿、清新口气、增强牙釉质等。预防聚焦型的消费者则对宣传牙膏能够帮助他们预防牙洞、牙菌斑和牙龈炎等的语句更敏感。

如果你的信息里既包括益处也包括损失，既有利也有弊，或者既有做得好的部分也有出错的部分，你的听众一定会有所选择地倾听。他们会特别关注匹配他们动机的部分，忽略不匹配的部分。

如果他们的重视程度和关注度足够大，对这些信息的记忆就会更加深刻。如果你希望人们记住你的话，或者在挑选产品时能够记得你的产品，你在阐述自己的观点时一定要寻找动机匹配。

顺便说一句，如果想改变听众对于匹配信息的关注偏向，你需要使他们相信，这些信息很重要。人们通常对真正重要的事情会关注更多，也更可能会认真加以评价。（但是，你要确保自己的论据足够强。）

匹配是公平的

我们要做的一件最难的事情，是告诉别人他们不愿意听的事。

不，你这次不能升职了。

我们今年不去度假了。

你不能开我的车和朋友们去旅行。

我知道你已经承担了很多工作，可是，本季度还有三个新项目需要你完成。

分手不是你的错，是我的错。

坏消息就是坏消息，这无法加以掩饰，所以，你永远不要希望完全消除坏消息带来的痛苦。但是，你可以学着以一种能够减缓打击的方式来传达坏消息，那就是尽量增加这样的可能性：让对方认为这么做是公平的。

让坏消息听起来公平的关键，是让你的讲话方式与听众的动机聚焦模式相匹配。举例说明，设想你是一位行政人员，需要通知员工公司马上要有一次“结构性重组”，发布这样的消息几乎总是伴随着牢骚声和叫苦声。你可以通过利益框定法解释这次重组（如这次重组能够提高公司的利润），这样，你强调了重组可能带来的利益（有时候，这被称为“构想”讲话）；或者，你也可以通过损失框定法（如这次重组能够让公司避免更大的财政损失）来解释重组，这样，你强调了所避免的危险（这有时被称作“燃烧的平台”讲话）。

你可能已经想到了，如果讲话方式符合了员工的聚焦模式，他们就会觉得你宣布的坏消息要公平得多。公众对于某公司行为的看法也受到匹配的影响：将戴姆勒—克莱斯勒公司的裁员描述成“提高市场份额”的机会，积极聚焦型的读者觉得裁员更加公平合理，而将裁员描述成“避免市场份额的损失”，预防聚焦型的读者表现出了更加支持的态度。（如果乔和雷的基金课题申请失败，雷会更愿意听到评阅人说“尽了最大的努力来批准最好的申请”，而如果评阅人说“非常谨慎地筛选出那些不够完美的申请”，乔则会觉得更公平些。两个人都会沮丧的，但是，他们不太可能觉得评审过程中有什么猫腻。）

动机匹配如何提高公平感？这主要是由于，它能够减少人们在听到坏消息后的那种“本来可以”和“本来应该”的思想。人们经历了不幸的事件后，他们会进行心理学家所谓的“反事实思考”，即提出“如果当时怎么样，会怎么样”这样的问题，来判断他们是否受到了公正的待遇。

“本来可以”式的反事实思考方式针对如下问题：如果决策者当时采取了不同的行动，事情会有不同的结果吗？也就是说，这个结果是不可避免的吗？除了重组，我们公司还有其他选择吗？评阅人本来是可以批准我的研究课题申请吗？

“本来应该”式的反事实思考方式针对如下问题：决策者是否本来应该采取其他行动方案？也就是说，他们是否故意做了错事？这样做是否不道德？高层是否是在通过牺牲级别较低的人来中饱私囊？我的申请被拒绝是否因为评阅人不喜欢我本人？

如果“本来可以”和“本来应该”式的反事实思考方式得出的结论是肯定的，人们会更加倾向于认为自己的境况是不公平的。但是，如果由于动机匹配，他们感到所听到的信息是靠谱的，这样的事就不会发生了。如果动机匹配，人们就不太会去问（和回答）这类问题了。

所以，下一次团队里的一个员工出错，你不得不将项目从他手里拿走交给别人做的时候，你知道如何解释了吧。对积极聚焦的同事，你要说，“这是让你将精力用于其他任务的机会”；对预防聚焦的同事，你要说，“避免让你同时做太多的工作”。如果分手时你要说“不是你的错，是我的错”此类话，你也知道是该说“给你另寻幸福的机会”（对积极聚焦型的情侣），还是该说“我不能再浪费你的时间了”（对预防聚焦型的情侣）。

在本章里，你了解了如下知识：当你体验到动机匹配时，你会感觉对劲儿，会增加对当前事物的认同感，会更容易地处理你面对的信息，这些信息留给你的印象也会更加深刻。对方的反馈会听起来更加公平，你的表现会有所提高。这仅仅是个开始，现在你既然已经知道动机匹配是怎么回事了，你可以详细看看如何对其加以利用。

在第十到第十二章，我们将详细探讨动机匹配如何影响消费者（购买的东西可以是防晒霜、咖啡杯或者健康保险）的购买偏好以及他们愿意付多少钱。你也会看到动机匹配如何影响你在篮球场、办公室或数学课上的表现，以及它如何帮助人们成功面对疾病、在体育馆里定期健身、纳税或者劝说十几岁的孩子戒烟，等等。通过适当调整你对不同人的说话方式，所有这些都能够得以实现。

第十章　适者成功

将自己的话语内容与听众的动机聚焦相匹配的一个关键好处，是增强对方的动力。体验到动机匹配会令人精力充沛，干劲十足，而动机的不匹配则会削弱动力。如果我们听到的指令或反馈与我们的主导性聚焦不匹配，我们会感觉不对劲儿，追求目标的积极性会降低。在本章中，我们将与你探讨一些我们最喜欢的实例，看看合适的动机语言如何带来成功或失败的不同结果。

激励人心的榜样还是引以为戒的典型？

以我们鼓励年轻人最常用的手段为例：用他人的亲身经历作为范例，或者是激励人心的好榜样（你希望成为那样的人），或者是引以为戒的坏典型（你希望避免走那样的路）。哪一种更有效？这取决于（读到这里，这一点也不奇怪）你要鼓动的年轻人是积极聚焦的还是预防聚焦的。

如果你是家长或教育工作者，你可能会觉得下面的例子非常有用：听到某个硕士阶段就大获成功的校友（有一份很棒的工作、目标明确且对未来充满信心的那个人，这是好榜样）的事例后，积极聚焦型的大学生学习动力更足了：

> 我刚刚得知自己获得了一个很重要的研究生奖学金。两家大公司已经接洽我，为我提供了非常棒的职位。现在，我对自己的生活非常满意。我觉得我清楚自己的发展方向和目标。我从来没有想到自己的前景会这么美好！

预防聚焦型的学生则是在听到一个漫无目标且没有工作的校友的故事之后，才开始用功学习，不再拖延。这个校友目前和父母一起住在黑暗的地下室里，前景非常不妙（引以为戒的典型）：

> 我不能找到满意的工作。我在快餐店工作了很长时间，做的都是很无聊的活儿。现在我感觉很不好。我不知道未来我该如何发展，我没钱再回学校深造，可我也找不到好工作。我从来没有想到我会落到现在这个地步！

如果你是健康专家，或者你家里有亲人生病了，你会对下面的例子感兴趣：积极聚焦的糖尿病患者在了解了一个病友的事例后，能够更好地应对自己的病情，这位病友定期锻炼，饮食健康，根据需要注射胰岛素（好榜样）：

> 刚得知自己得了糖尿病的时候，我吓坏了。在患病初期，我控制血糖的努力不太奏效，但现在，我做得好多了。我已经成功地调整了我的生活方式。每天我都骑车去上班，每周锻炼两次，这对降低我的血糖水平非常有效。我的饮食也调

整了，我吃得更加健康，降低了脂肪的摄入量，吃更多的蔬菜和水果。最初的时候，我觉得很难接受不得不注射胰岛素的事实，不过现在我已经习惯了。我觉得自己在同糖尿病的斗争中做得很好，尤其是现在我对糖尿病了解了很多，并且在做出上面那些对健康有利的努力。有好几年了，我的血糖水平都很稳定且不高。我还没有任何的并发症。我的医生说，如果我这样坚持下去，我就能保持较好的健康状态。

预防聚焦型的病人则是在听说了另一个实例后才增强了动力。患糖尿病之后，这位病人没有很好地调整自己的生活方式，也没有做出自己知道必须要做出的改变（反面典型）：

刚得知自己得了糖尿病的时候，我吓坏了。在患病初期，我控制血糖的努力不太奏效，现在，我做得还是不够好。我没能调整自己的生活方式。我曾经计划每天骑车去上班，每周锻炼两次，因为这对降低我的血糖水平非常有效，可是，我还没有付诸实际。我的饮食也没有好好调整。我喜欢吃快餐，不喜欢吃蔬菜和水果。我到现在还是觉得很难接受不得不注射胰岛素的事实，还是不习惯它。我觉得自己在同糖尿病的斗争中做得很不好，尤其是现在我对糖尿病了解不够多，做出的努力也不够。有好几年了，我的血糖水平还是太高，并且开始出现并发症。我的医生说，如果我不改变生活方式，我的健康状况很可能会恶化。

用他们的方式做事

通过让他们以自己的方式做事，做他们觉得自然的事情，你同样可以提升他们的动力。（除非，自然的事情一点也不管用。）我们与积极聚焦型的同事一块工作的时候，比如雷那样的人，我们知道，他希望快速工作，希望有所创新，他喜欢冒险，喜欢考虑多种方案之后再决定最后的方案。这意味着，针对某一问题，他会提出许多可能的答案，并希望尽可能快地对这些答案进行检验。他可能会出错，而如果时间再从容一些，这样的错误本来是能够避免的，他有时也会分神去做其他的项目。但是，如果你想让雷以其他的方式工作（有人曾经试过），他会感到压抑，没有劲头儿，效率也会大大降低。

预防聚焦型的人，比如我们的同事乔那样的人，他需要时间来慢慢工作，将事情考虑得全面彻底。如果你要和他合作，你必须学会容忍这个事实：他对于你所做的事情总抱有一点怀疑，你在做大项目的时候必须及早开始，比如申请课题基金的时候。预防聚焦让他们需要避免诸如失误、陷阱或延迟等问题，避免那些降低工作水准的东西让他们感觉对劲儿。所以，有时候在面对干扰和障碍时，乔那样的预防聚焦型反而工作表现会更好。

我们研究中心的同事托尼·弗雷塔斯和尼亚·李伯曼曾经进行过一项研究，他们让一群学生在电脑上做一些数学题。在学生做题的时候，电脑屏幕的一角同时播放非常滑稽有趣的视频，研究者让这些学生尽量忽略这些视频，集中精力做题。你可能已经想到了，没有视频的时候，积极聚焦型和预防聚焦型的学生的表现没有什么差别，可是，当开始播放这些让人分神的视频后，两种学生的表现出现了戏剧性的反差：积极聚焦型学生的表现比之前下降了10%，这毫不奇怪，而预防聚焦型学生（他们更习惯警惕和避免某些事）比之前的表现反而提高了10%！他们不仅做题的正确率提高了，还更加喜欢做题了。可见，如果人们正在做的事情与他们的动机聚焦相匹配，他们的表现会更好，哪怕这些事情更加困难。

选择奖励方式

在英国石油公司的墨西哥湾漏油事故和公关危机事件过后，2010年，公司新任CEO鲍勃·达德利做出了一项令人吃惊的决定：他修改了公司员工的奖励机制。在发送给全体员工的电子邮件里，他宣布：提高安全度将成为是否发放奖金的唯一标准。

> 达德利先生说，此举的目的在于“确保深水钻井平台事故这样的低概率、大影响面的悲剧事件不再发生”。他说，实现这一目标的关键在于，“积极发现并应对我们面临的每一个风险”。
>
> “我们决心尽一切可能追求安全这一目标。”公司发言人安德鲁·高尔斯补充说。

许多观察家认为，这一举动只不过是公司危机公关的又一次努力，旨在告诉公众，英国石油公司正在营造一种安全文化（仅此而已）。不过，我们可以假设鲍勃·达德利是认真的，他真的想找到一个有效的方式，来激励员工将安全放在首位。根据安全发奖金，这真的是最好的办法吗？

这个方法涉及一个众所周知的问题，那就是它可能最终会导致人们为了获得奖金而减少对安全事故的报告，而没有真正地奖励安全行为。另一个缺陷很可能已经跃然纸上了吧，因为安全而奖励与人们的动机聚焦毫不匹配。拿奖金的想法会让人们变得积极并敢于冒险，这与谨慎和对安全的强调正好相反。潜在的危险或损失才能让人们保持警惕，而不是高额的奖金。如果因为达不到安全标准而受到惩罚，这才能创造动机匹配，并能让人们更加关注安全。

所以，事情并不是“奖励会让人有动力”那么简单。选择合适的奖励并维持或增强合适的动机，这才是最根本的。我们再看另一个例子吧，看看不同的奖励如何改变那个非常普及的营销工具的效率——顾客忠诚计划。

忠诚计划为老顾客提供回报、折扣或其他的好处。它通常会有一张客户卡，卡上记录你的购买次数或光顾次数。你买了 9 杯咖啡后会免费送你 1 杯，或者，你买东西每花 100 美元会返还你 1 美元。如果你也和我们一样，你的钱包里肯定塞满了这种卡，有些卡用得比较频繁，而有些卡一直藏在你的 AAA 信用卡背后，直到发放卡片的美味汤店或者光盘租赁店早已经关门停业了，你的卡还没有使用过一次。

有很多种方式来设计忠诚计划，所以，事先了解哪一种方式能够真的吸引你的顾客再次光顾非常重要。这个问题的答案部分地取决于你对忠诚计划的描述是否能够让人感到动机匹配。

在一项研究中，每月花 45 美元会费到体育馆健身的人们可以享受忠诚计划，这份计划可以有积极和预防聚焦两种表述方式。

积极聚焦的忠诚计划

如果顾客在接下来的四周里锻炼次数超过 8 次，可以返还他们一定的现金。

这条信息还可以有两种表达方式，或者以利益框定法表述：

如果你能做到，你交的 45 美元月费中会有 10 美元返还给你（适合积极聚焦的语言）。

或者以损失框定法表述：

如果你做不到，你就拿不回 10 美元（不适合积极聚焦的语言）。

预防聚焦型的忠诚计划

顾客最初只需付 35 美元，如果他们在接下来的四周里锻炼次数少于 8 次，就必须交 10 美元的罚金。

这条信息可以以利益框定法表述：

如果你做到了，你就不必缴纳 10 美元的罚金（不适合预防聚焦的语言）。

或者以损失框定法表述：

如果你做不到，你就必须缴纳 10 美元的罚金（适合预防聚焦的语言）。

能够产生动机匹配的描述方式（即，积极聚焦 + 强调获益的语言，预防聚焦 + 强调损失的语言）会让忠诚计划看似更加诱人，足以让顾客表达出更强烈的锻炼欲望。毫不奇怪，这将促使更多的顾客来到体育馆。有趣的是，动机匹配也使得人们的锻炼强度增加，所以，如果因为动机的匹配，你感觉对劲儿，那么，你的表现会更上一层楼。

如果你正在策划一份忠诚计划，你会选择哪种描述方式？两种方式都可以创造动机匹配，也都可以增加体育馆的会员人数。如果你的顾客或产品不是非常明显的积极聚焦或预防聚焦，你可以选择任何一种。如果你的顾客或产品明显属于其中一种聚焦模式，那么你就得选择能够提供动机匹配的那一种方式。

在这一节内容讲完之前，我们需要强调，罚金并不是为预防聚焦的人创造匹配的唯一方式。奖励如果设置得当，也可以与预防聚焦动机相匹配。我们再看看前面那个靠奖励来提升安全度的计划吧。因为安全是预防聚焦的问题，你需要设置与预防聚焦相匹配的奖励。（即使你的员工是积极聚焦的，因为你关心的是预防聚焦的行为，所以，还是需要以适当的方式鼓动他们。）这么做的窍门是，制订奖励计划时，不要让员工们盯着“0”，而是让他们将本年度的安全状况处理好，他们就可以得到“+1”的奖励。这个计划适合积极聚焦者。而你制订的计划应该是，在年初就设好奖励，他们必须做好本年度的安全工作，否则，年底就会得到“−1”。这才是适合预防聚焦的计划。

动机匹配助你做事

假设你在德国足球联盟的一个地方球队踢球，你正要和你的教练与同伴们一起练习罚点球。（供您参考：在德国的球队踢球是件很了不起的事情。德国人特别热爱足球，这点你得知道。）

你在罚第一个点球之前，你的教练走近你，对你说（用德语）了下列话中的一句：

你要踢 5 次，你的愿望是至少进 3 个。

你要踢 5 次，你的失误不应该超过 2 次。

大多数球员和教练（还有普通人）都不会有意识地去关注这两句话之间的区别。不论怎么说，你的目标都是进至少 3 个球。另外，你也不会认为只靠措辞的不同就可以改变这些球员的表现，他们都非常擅长罚点球，并且都渴望发挥最高水平。但是，从动机学来看，上面两句话之间有着天壤之别，这种差别可能意味着与胜利失之交臂，或者转败为胜。在这项研究（真的在德国半职业足球队进行了这个研究）中，当球员们听到的指令与他们的主导性动机聚焦一致的时候，他们的表现得以大大改善。对预防聚焦型的球员来说，这一点更加明显，他们收到了“不要失误”的指令后，踢进球的次数几乎翻了一番。

研究者发现，美国的大学篮球队队员们在练习三分球时也有相似的现象，这些队员被告知 10 次里面要投中 3 或 4 次，或者，投不中不能超过 7 次。如果得到合适的反馈，预防聚焦型队员的投篮命中率大概会提高一倍，积极聚焦型队员的命中率能够提高 30%，比分提高这么多足以使之成为冠军。

你不必是一名运动员才能从动机匹配中获益，实际上，我们最担心的倒是非运动员，他们的锻炼量最有可能达不到维持其健康的必需量。你觉得下面哪一条更能说明锻炼的重要性?

科学家说，白天进行足够的体育运动能够维持或者改善你的健康状况。

科学家说，白天不进行足够的体育运动可能会导致你的健康欠佳。

这里的措辞非常重要，这是因为，如果对锻炼的重要性的阐释符合人们的动机聚焦（前一条与积极聚焦匹配，后一条与预防聚焦匹配），在接下来的一周里，他们的运动量（平均）会加倍！

当然，保持健康不光需要锻炼，还需要适当的饮食。理智的人们关于人类“最佳”饮食的观点不尽一致，但是，几乎每个人都同意，富含蔬菜和水果的饮食对健康极其有利。但愿动机匹配在这个问题上也能帮助我们。我们和研究中心的同事司各特·斯比尔格一起进行了一项实验，我们让一些本科生（他们的饮食习惯根本说不上好）连续一周记录自己每天的饮食情况。接着，我们给他们一个宣传册，里面介绍为什么应该吃更多的蔬菜水果。针对不同的聚焦方式，宣传册里的内容所有不同（积极聚焦：更充沛的精力，更具吸引力，改善情绪等；预防聚焦：增强免疫系统，抵抗疾病等）。这样，我们就能够直接操控学生的动机，让他们（至少暂时地）获得积极或预防心态。

积极聚焦宣传册

人体必需的养分含量很高的食谱，如包括大量蔬菜水果的食谱。好的饮食直接作用于大脑的生化过程，让人感到精力更充沛，提升人的情绪，并能够带来幸福感和满足感。饮食平衡的人（蔬菜水果摄入量是平衡饮食的重要组成部分），会更加自信和乐观，这将增强其吸引力和做事的成功率。血管里充足的养分供应对于保持头发和皮肤的健康也非常重要，并且能够加快新陈代谢，燃烧更多的脂肪，让人拥有健康亮泽的身体。蔬菜和水果中的维生素和矿物质能提供必需的营养，让人们注意力更专注，因而实现脑力和创造力的最大化。合适的营养对人们的考试表现和智商测试都会产生积极的影响。如果你每天摄入足量的蔬菜和水果，你的总体自我感觉会更加良好。

预防聚焦宣传册

人类需要各种养分才能保持基本的健康水平。蔬菜水果能够为我们的身体提供必需的养分，令身体分泌能够抵抗外界不良影响（污染、日常压力、坏天气等）的物质。蔬菜水果中的维生素和矿物质能够起到保护作用，帮助修复受损组织。吃蔬菜和水果有助于协调免疫系统，让你保持健康，少生疾病。养分充足的免疫系统能够阻击病原体（有毒物质），中和其中的毒素，形成阻止细菌传播的屏障。有些蔬菜甚至在保护身体不患癌症或心脏病方面有一定的功效。蔬菜和水果中的养分还能够促进牙齿、牙龈和骨头的健康。如果你摄入合适数量的蔬菜和水果，你就能远离疾病，保持总体良好的健康状况。

上述宣传册有两个版本，一个强调吃蔬菜水果对学生身体的益处，另一个强调不吃蔬菜水果的代价。

积极聚焦 / 益处版本：

如果你摄入足量的蔬菜和水果，你的自我感觉会更好。

积极聚焦 / 代价版本：

如果你不能摄入足量的蔬菜和水果，你的自我感觉不会很好。

预防聚焦 / 益处版本：

如果你摄入足量的蔬菜水果，你可以避免生病、保持良好的健康状况。

预防聚焦 / 代价版本：

如果你不能摄入足量的蔬菜水果，你不能避免生病，不能保障总体健康状况。

读了上述宣传册之后，学生们的饮食日记又持续了一周。我们计算了他们摄入的蔬菜水果量后发现，虽然四个版本都有一定的效果，但是，如果我们所用的语言与他们的动机聚焦相匹配，那么此版本的效果要明显得多。体验到动机匹配的学生吃的蔬菜水果比没有体验到动机匹配的学生要高 21%。

在另一项研究中，我们试图运用动机匹配对一个我们十分看重的问题施加影响，这就是如何让本科生按时交作文。我们告诉参与实验的学生，如果他们写一篇描述自己如何度过周六的文章，并且在周日之前通过校园网电子邮件（也可手写）上交，我们就会付给他们 7 美元。（他们可以在周六晚上或者周日的某个时间写这篇作文。）在离开实验室之前，我们让学生们制订一个计划，详细列出他们将在什么时候、什么地点、如何写这篇作文。计划指令的一个版本针对的是积极聚焦：

时间：想象一个你能够写作文的合适的好时间

地点：想象一个你可能写作文的安静、舒服的地方

方式：想象自己写的时候涵盖了尽可能多的细节，让自己的作文既生动又有趣

计划指令的另一个版本运用的是预防聚焦语言：

时间：想象那些不合适或者不好的时间段，这样你就能避开那些时间段

地点：想象那些不舒服或者干扰很多的地方，这样你就能避开那些地方

方式：想象自己写的时候尽量不忘记任何细节，尽量不让自己的作文平淡或乏味

令人印象深刻的是，我们发现，如果上述计划的指令语言与学生的主导性动机聚焦相一致，他们按时交作文的可能性会提高50%。（老师和经理人该欢呼了吧！晚交作业或者不交作业的日子即将结束！孩子们通常更倾向于积极聚焦，所以，对他们使用积极聚焦语言会更加合适。给员工的指令则需要进行调整，以适应他们的主导性动机，当然，需要假设你这个上司知道他们的主导性动机。）

看起来，无论面对什么样的挑战，如果你想提高解决问题的效率，通过使用合适的聚焦语言，你总能取得良好的效果。

喜欢所做的事情

动机匹配还可令所做之事更加愉悦。并不仅仅由工作的性质决定你是否喜欢做这件事，你对工作的喜爱程度还取决于你在做的过程中是否体验到动机匹配。雷和乔在核对账务报表，他俩需要做的事情是一样的，可是，认真检查每一个条目这件事令雷痛苦不堪，却会让乔满足地微笑。

我们最早的一个“匹配”研究证明了动机匹配对任务的愉悦程度的影响。当参与试验者来到实验室之后，我们让他们分别描述自己的愿望和希望或者责任和义务，这样将它们置于积极或预防聚焦心态。然后，我们告诉他们，作为另一项“不相关的研究”的一部分，他们需要在一张画满了多边形物体的纸上，寻找尽可能多的四边形物体。我们告诉他们，要像科学家那样，将每一个四边形的物体看作亟待发现的有机材料，它们或者是“有益”的蛋白质或者是“有害”的蛋白质。

我们对他们的搜寻方式的框定是有区别的。我们告诉一半参与者“完成好这个任务的方法就是要积极主动，尽量多地找出那些有益的四边形物体”，而我们告诉剩下一半参与者“完成好这个任务的方法是要谨慎，尽量剔除有害的四边形物体”。

不考虑他们最后发现的四边形物体的数量，我们发现，如果在做这件事的时候，他们能够体会到动机匹配（积极聚焦参与者尽量最大化，预防聚焦参与者尽量淘汰更多），他们会更加乐在其中。

寻觅让你感觉对劲儿的领导，建立匹配、持久的工作关系

无论你是否意识到了，你想要这样的领导：他能够以匹配你动机聚焦的方式帮助你实现目标。我们都想要这样的领导。那么，哪一种领导才适合我们的动机聚焦呢？

积极聚焦型的员工在“变革型领导者”手下会茁壮成长。变革型领导者喜欢为理想而工作，支持有创意的方案，有远见，并且喜欢打乱重组（想想谷歌或皮克斯吧）。“事务型领导者”则强调规则和标准，维持现状，倾向于微观管理，遏制犯错，并且专注于完成短期目标（想想美国军方吧）。他们的管理非常严格，在这样的领导手下，预防聚焦型的员工会感到如鱼得水。

如果人们发现自己在为适合的领导者工作，他们会更加珍视自己的工作，不太会想离开这个组织。这意味着更大的忠诚度和生产力，较小的员工流动，这对任何公司都是好消息。

为了给员工创造动机匹配，经理们不仅可以转换自己的领导方式，还可以调整自己对员工工作进行反馈时的语言。如果员工们主要是积极聚焦型，或者在寻求发展，如果管理者表扬他们的工作，他们会加倍努力。如果员工们主要是预防聚焦型，或者他们主要关心工作的稳定性，如果批评他们，他们则更可能会加倍努力。请注意，我们不是在说，你应该找理由来表扬或者批评员工，你的反馈总应该是诚实的。我们只是指出，如果你希望最大限度地鼓动员工，有时候需要调整一下强调的内容。

当然，有时候，你并不知道你想鼓动或者说服的人或者群组的主导性聚焦，或者，你想影响的人群包括不同的聚焦类型。如

果这样的话，你应该使用哪种策略？好消息是，你可以同时将两种方法（积极和预防）有效地调和起来，比如，为表现最好的25% 的员工发奖金，而处罚表现最不好的 25% 的员工。研究表明，人们会选择性地关注你所说的话中与他们的聚焦相匹配的部分，而将不匹配的部分大多过滤掉。所以，如果你有所疑虑，你发出的指令、提供的奖励、选择的榜样或给出的反馈，应该包含与两种聚焦相匹配的内容，这也许不如最完美的方法那么有效，不过，它终究比不提供任何动机匹配的方法有效得多。

第十一章　受影响

在其广受好评的畅销书《影响力》中，心理学家和世界知名说服专家罗伯特·西奥迪尼指出了六种引导人类行为的影响力武器：

1. 互惠。如果你为别人做了什么，他们会觉得必须回报你。所以，你邮箱里收到的那些募捐广告会包含诸如免费铅笔或者地址签之类的小东西。

2. 承诺与一贯性。人们会觉得必须去做自己已经公开承诺要做的事情，他们希望别人觉得他们做事有始有终，无论是对他人还是对自己。

3. 社会证据。人们更可能去做那些别人也在做的事情。

4. 喜欢。如果人们喜欢你，他们会更容易被说服。

5. 权威。如果你是知名专家或者权威人物，人们会更容易被你说服。

6. 稀少。人们会觉得稀少或者罕见的事物更珍贵。所以，那么多的广告会告诉你“立即行动”去购买那些内战纪念币，因为库存越来越少了。

在《影响力》一书最初出版之后的30年里，上述原则成为市场营销人员、商界领袖、政界人士、外交人员和活动家们的不二法宝，他们运用这些原则来改变全世界人们的心灵和头脑。现在，在西奥迪尼的六件武器之后，我们加上第七件：动机匹配。

我们的研究表明，如果你使用了正确的语言，那么你的受众，无论是家庭成员、你班里的学生、同事或者你的选区里的选民，他们会觉得你说的话更加可信，因而会更加信任你，更加关注你所说的话。这几件武器合用，你说服他们的效果会大大提高。本章的几个例子将告诉你，如果你的话能够与对方的动机聚焦合拍，你将做出了不起的事情。

与青少年吸烟现象做斗争

在研究动机匹配的说服力的过程中，我们最喜欢的一个例子来自一项针对青少年吸烟现象的广告的研究。这些广告没有直接强调吸烟对健康的影响，而是突出了吸烟的社会效应：因为吸烟你被社会排斥（预防动机），或者因为不吸烟而被接受（积极动机）。每一个版本的广告语言既可以强调益处又可以强调代价：

积极聚焦信息 + 利益框定（匹配）：得到社会首肯

画面：一个少年坐在一群同伴中间，他熄灭了香烟，同伴们赞许地看着他。他们冲他微笑，又一起畅快地大笑，有一个同伴和他一起击掌祝贺。

字幕："请不要吸烟。一块儿好好玩。"

积极聚焦信息 + 代价框定（不匹配）：得不到社会首肯

画面：同伴们赞许地看着一个少年，微笑着。这时，这个少年开始吸烟，他的朋友们都转过身，不再理他。

字幕："请不要吸烟。吸烟破坏了大家的好时光。"

预防聚焦信息 + 好处框定（不匹配）：避免社会首肯

画面：一个少年在聚会中吸烟，其他人不满地看着他。他注意到了，停止吸烟，同伴们看起来不那么恼火了。

字幕："请不要吸烟。不要让人讨厌你。"

预防聚焦信息 + 代价框定（匹配）：招致社会反对

画面：一群青少年正在聚会，大家站在那里聊天。一个少年开始吸烟，周围的人都不满地看着他，满脸愠怒。

字幕："请不要吸烟。吸烟让人讨厌。"

看到这四个广告时，大多数人没有觉察到有什么真正的区别，广告里传达的信息似乎都差不多：不吸烟比吸烟更有利于人际关系，不吸烟的人更受欢迎，朋友更多，吸烟的人被排斥。但是，每一个版本里的信息给人的感觉有细微的差别。实际上，能够创造动机匹配的版本（即积极聚焦与益处的组合和预防聚焦与代价的组合）在鼓励观众戒烟方面的效率要高得多。

这还不是事情的全部。主导性积极聚焦的青少年在看到积极聚焦 / 益处的广告（"请不要吸烟。一块儿好好玩"）后，不吸烟的意图尤其强烈，而预防聚焦的青少年在看到预防 / 代价的广告（"请不要吸烟。吸烟让人讨厌”）后，不吸烟的意图更强烈。所以，对于某一类观众来说，动机匹配有两个来源：信息本身的聚焦与信息表达方式之间的匹配和观众的主导性聚焦与信息表达方式之间的匹配。创造的匹配越多，你的信息的说服力就越大。

现在，想想你上次试图说服某人的情景，这个人或许是你的配偶、孩子或好朋友，你试图说服他们远离吸烟之类的危险行为（或过度饮酒，或开车的时候发短信）。你当时说了些什么？你当时的劝服有大约50%的可能并没有产生动机匹配。你可能告诉你的配偶，你希望他戒烟，这样他就不会得癌症（预防/利益框定）；如果你说，如果他继续吸烟，他很可能就会得癌症（预防/代价框定），这就会有效得多。你可能告诉你十几岁的孩子，如果他喝酒太多，没有人会喜欢或者尊重他（积极/代价框定）；如果你说，如果他保持清醒，人们会更加喜欢或尊重他（积极/利益框定），你的说服力会更大。

好消息是，从现在开始，你的说服力会大大增强。如果你花些时间考虑如何让自己的话产生更大的匹配，你就更能鼓励你关心的人以更健康、更快乐的方式生活。

匹配对你的健康有益

上述反对吸烟的广告之所以有效，不仅是因为它们创造了动机匹配，还因为它们巧妙避开了“吸烟有害健康”这种论调，因为这样的论调尤其不适合年轻人。这些广告将吸烟与受欢迎程度和社会孤立联系起来，而非将吸烟与肺癌和心脏病联系起来。但是，有时候，我们确实需要孩子们考虑健康问题。那么，我们该如何劝说年轻人关注那些健康威胁，让他们行动起来保护自己呢？部分问题在于，年轻人经常看不到自己处于危险中。但是，好消息是，一旦你理解了积极聚焦、预防聚焦和动机匹配如何发挥作用，你会意识到，根据你的听众对危险的认知，你尝试不同的谈话内容会取得良好效果。

市场研究者詹妮弗·阿克和安吉拉·李的一项调查研究很好地验证了这一点。他们二位运用动机匹配原则策划了广告，广告内容是针对大学生的，目的是销售预防和治疗单核细胞增多症的产品。他们一开始先提供给学生们如下的信息：

> 单核细胞增多症非常普遍，到40岁的时候，超过85%的人们都曾经患过此病。这似乎令人难以置信，尤其对那些从来没有想过自己会得这种病的人来说。因为大多数人的病症都很轻微，他们自己都没有意识到过去那次喉咙肿痛或者不同寻常的疲惫感其实是单核细胞增多症的表现。虽然任何人都可能患上此病，但是，医生们认为患病概率最大的人群是15到30岁的年轻人，尤其是那些生活在学校、大学或军营等人员密集地方的人。全年都可感染此病，但大多数病例发生在早春季节。

接着，研究者操控实验者对感染此病的危险系数的认知，他们告诉有些学生，他们可以通过一些经常做的、非常普通的行为（高风险）感染此病；告诉另一些学生，只有通过一些非同寻常、罕见的行为（低风险）才会感染单核细胞增生症。

高风险（更加预防聚焦）信息

对此病有高风险认知的那一组学生将这条信息解读成：要是他们“接吻、共用一把牙刷、共用剃须刀、不戴避孕套做爱、共喝一瓶水”，他们就有感染的风险。因为上述行为都是本科生常有的行为，上述信息给他们的印象就是，大学生感染单核细胞增多症是非常可能的。

低风险（更加积极聚焦）信息

对此病有低风险认知的那一组学生将信息解读成：只有当他们“文身，用针刺身体部位，如乳沟、鼻子、舌头或肚脐眼等，不小心被针刺了，同一时间段与不同的人做爱，在医院使用了未消毒的器械、输血等”，他们才会有感染的风险。这些都是大学生较少做的事情，所以，上述信息给他们的印象就是，大学生不大可能感染单核细胞增多症。

最后，这些学生阅读了治疗这种疾病的药物（奥林康）的广告，广告中说这是一种完全自然的抗单核细胞增多症药物。广告以两种框定方式表达了其观点：益处或损失。

益处框定法：

享受生活！知道你自己不会感染上单核细胞增多症。让奥林康成为你日常生活的一部分。

享受生活非常重要。奥林康能够帮你做到，它在你尚未患病之前就帮你阻击疾病。享受生活。奥林康。

损失框定法：

不要错过享受生活的机会！不知道你是否会感染单核细胞增多症。让奥林康成为你日常生活的一部分。

不错过享受生活的机会非常重要。奥林康能够帮你做到这一点，它在你尚未患病之前就帮你阻击疾病。不要错过享受生活。奥林康。

两位研究者阿克和李发现，觉得自己患病风险很高的学生会变得更加预防聚焦，更容易接受以损失框定法描述的奥林康广告。认为自己患病风险很低的学生（通常来讲，这是大多数年轻人面对疾病的正常态度）更加积极聚焦，因此，他们更容易接受以利益框定法描述的奥林康广告。

当你试图说服某个并没有觉得有必要保护自己的人，如果你使用了正确的语言，即创造了动机匹配的语言描述方式，那么，你成功的概率会更大。如果他们真的觉得自己做的事情没有什么风险（我们面对现实吧，几乎没有青少年会觉得有什么风险，直到一切都太晚了），那么，对青少年，你最好使用积极聚焦性的语言强调利益，而不是使用预防聚焦的语言强调损失。

帮忙为公益事业筹款

让人们将辛辛苦苦赚的钱拱手相送非常不容易，尤其是在目前严峻的经济环境下。即使我们都认为募捐所支持的事业是非常有价值的，比如，赈济贫民、为无家可归者提供住处或者为孩子们提供更好的教育，我们也不会非常痛快地掏钱。所以，如果你正在为某个高尚的事业做宣传，你需要尽量增强自己的说服力。这里的关键依然是，理解你的受众的动机聚焦，并用他们的语言来陈述你的观点。

为了更清楚地理解这到底会如何发挥作用，让我们读一读下面的文章吧。这篇文章是我们特意为纽约市中小学校的学生课外活动项目筹款时所撰写的。请注意此项计划的细节完全相同，但请关注其语言的微妙变化。再次强调，你提议的内容不如你说话的方式重要。（体现积极聚焦的词语加了下划线，而预防聚焦的词语则放在了方括号内。）

新课外活动计划

写这篇文章的目的是在全市范围内宣传一项新政策，它涉及整个纽约市及其所有公立学校。将征收一项新的税种，以制订和实施一项针对公立小学高年级学生和中学生的课外活动计划。支持这一计划的主要原因是，它将推进[保障]孩子们的教育，帮助[避免]更多的孩子成功[失败]。如果启动这个计划，会有更多[更少]的学龄孩子完成[不能完成]整12年的教育计划，并且，更多[更少]的学生将在课外的生活方面取得成功[失败]。考虑到这项计划会带来成功的更大可能[失败的更小可能]，尽快实施这一积极计划[预防措施]非常重要。

此项计划的首要目标是，保证[避免]城市里青少年的成功[失败]，它将致力于提高他们的学业和实践技能。为了成功实现此项计划中的目标，需要采取几个步骤。首先，各个学校的老师需要开会讨论，制订适合本学校学生的计划。教师和管理人员在确定了本学校的学生需要提高［避免失败］的各个科目之后，他们会制订专门针对那几个科目的计划。但是，每个计划的内容不一定只局限于这几个领域。只要学生认为可以帮助他们成功［避免他们失败］的问题，都可以在这些会议中进行讨论。之后，会在相关的任何学科或者实践领域为学生们提供特殊训练。此做法将使得这个旨在帮助［避免］学生成功［失败］的计划既具体又宽泛。

另一个值得注意的方面是，这个计划的内容非常全面，既包括学业方面，也包括学习领域之外的其他方面。这样，一系列能够保证成功［避免失败］的必要问题都能涵盖进去。这个计划将不仅关注学生的学习素质，还将关注学生生活中的其他重要方面。希望获得帮助的学生都可以得到帮助，无论是人际关系、情感问题或任何他们需要帮助的社会或心理问题。除了常规的学习技能，本计划也针对那些经常被忽略的其他问题，诸如，艺术（音乐、绘画等），手工（木雕、机械修理等），家政，等等。这样宽泛的技能领域有助于学生的全面发展。有了这样全面的知识积累，学生们各个方面的技能又能得以提高，他们将取得更大［更小］的成就［失败］。

保证本计划成功的另一个关键问题是，如何选择参与此计划的学生。学生可以自己决定是否参加此计划，或者由老师或行政管理人员推荐参加。两个方法的采用使得更多［更少］的学生可以有［不错失］机会参加，因此，可以保证更大［更小］比例的学生迈向成功［避免失败］。

最后，需要考虑保证此计划成功所需要的资金。此计划可能带来的益处［能够避免的代价］远远超过它需要的资金。

> 实际上，据估算，在此计划上每花费 1 美元，就会由于未来更高的安全性而产生 3.5 美元的利益[由于未来犯罪率的降低而节省 3.5 美元]，而且更多的人[更少的人] 将不需要[需要] 国家的财政援助。提高学生的成功率[减少学生的失败率] 可以为社会上的每个人带来更大的益处[避免更小的代价]，包括这些学生本人和其他公民。
>
> 总之，为了纽约市的小学高年级学生和中学生的成长，我们完善和实施这个特殊的课外活动计划，此计划将由一个全新的赋税提供资金支持。通过帮助学生们挖掘[防止学生不能充分挖掘] 他们的学业和社会潜力，我们将让更多的学生取得学业和课外生活的成功[更少的学生避免学业和课外生活的失败]。这将让更多[更少] 的学生完成[完不成]12 年的教育，更多[更少] 的学生参与[不能参与] 高中阶段之后的教育，更多[更少] 的学生从事[不能从事] 更有成就感和较高工资的工作。这个计划将有效帮助我们的公立学校体系中的学生提高整体的成功[失败] 水平。

这里的微妙差别真的那么重要吗？确实很重要。积极聚焦或者预防聚焦的参与者在读到匹配他们的动机聚焦的版本后，认为这篇文章非常有用，非常具有说服力，对于文章中的计划持以更加支持的态度，也更愿意花钱来支持这个计划。

现在你知道了如何识别你的受众的动机聚焦（请参考第八章），你可以运用这个简单的策略来推动你的事业。

首先，以你一贯的方式写下你的观点，接着，搜寻你的语句中那些明显具有积极或预防聚焦的词汇或短语（如，成就、成长、进步，或者防止、安全、恶化等）。问问你自己，这个句子是与可能的益处相关（如更大的成功）还是与避免损失相关（如更少的失败）？必要的话，重新改写每个句子，使之指向同一个动机“方向”。你的语言风格越是前后一致，你的观点对于你的受众来讲就越具有说服力。

需要不断练习，你才能让自己的语言更容易产生动机匹配，这和做所有事情一样。我们研究中心的新同事，哪怕他们非常了解我们的研究结果，还是偶尔会在某条针对积极聚焦受众的信息里不小心使用预防聚焦的词句。确实，我们自己也需要反复检查自己的语言，力求前后一致。但是，随着练习次数的增多，你会变得越来越有效。

停止偷税漏税

如上文所述，如果你想影响其他人的意图，动机匹配非常有用，哪怕他们的意图是停止做他们非常想做的事情，如想吸烟的时候不再去点烟。运用合适的语言还可以让人们去做他们不想做的事情，如交税。有很多人不纳税。2006 年（我们掌握的资料里离现在最近的一年），美国国家税务局报告说，17% 的所得税并没有缴纳给联邦政府，也就是说，美国公民和企业每年要少交大约 4500 亿美元。

很容易理解这一点，因为我们没有多少人会喜欢交税，很多人都觉得美国的现行赋税体系不太公平。不过，政府需要税收来提供各种服务，不付税或者少付税意味着政府为我们提供更少或者更差的服务。那么，如果你是国家税务局，你如何鼓励人们交税呢？奥地利最近进行的一项研究可以为我们提供有价值的指导（也为本书提供了又一个极佳的例子，因为它涉及动机匹配）。

奥地利研究者以奥地利财政部的名义，向一大群中年纳税人发出了呼吁，请他们付全额的个人所得税。这份呼吁书共有两个版本，每个版本都以下面的简介开始：

> 公民缴纳的税金是政府最重要的收入来源。2005年，奥地利收入的税费等总共有589.8亿英镑。其中，318亿英镑属于转移支付，政府并没有将之用于自己的开支，而是将其重新再分配，花在了公共福利和提供给公民的其他服务上。

这个简介之后，积极聚焦的版本是这样说的：

> 缴纳税金能够促进我们国家的繁荣。如果公民诚实纳税，政府就可以将税收用于资助和改善福利制度，并给公民提供现代化的健康医疗服务。此外，如果税收非常充足，政府可以改善基础设施，如公路和铁路系统。法律体系也可以上升到更高、更现代化的水平，国家的安全也可以保障。有了公共资金，教育系统可以提高档次，为中小学校和大学提供更多的机会。至于文化艺术，政府也可以资助更多的活动。如果大家诚实交税，所有的公民都能够享受公共福利和各种服务。

在简介之后，预防聚焦型的版本则是这样说的：

如果不缴纳税金，我们的国家不会繁荣。如果公民不诚实纳税，政府的税收会很低，政府就不能继续关注社会公平和全民平等的健康医疗服务。此外，如果税收不够充足，政府必须削减基础设施方面的开支，可能就不能够保障对公路和铁路的不间断维护，而且对安全和法律体系造成威胁。如果公共资金不充足，教育水平会下降，中小学校和大学的标准会降低。至于文化艺术，缺少资助将会严重影响文化发展。如果大多数公民逃税，公民们将享受的公共福利和其他服务会更少。

接着，呼吁书请大家假设收到了一份礼物，是4500欧元，他们计划用这笔钱买一辆新车。如果他们如实向政府申报这笔钱，他们就需要交税，买车的钱就减少了。如果他们不申报纳税并且被发现，他们就不得不接受罚款，但是，他们被告知，被发现的概率是非常低的（总的来说，这是真的）。

看到如果纳税的人数多，每一个人都会受益，积极聚焦型的奥地利人交税的意图变得更强，而预防聚焦型的人则是在了解到如果纳税的人数少，每个人都会付出代价的时候，他们纳税的动力会更足。

有时候，人们仅仅需要一点点鼓励就会去做该做的事情，动机匹配很容易就能提供这点鼓励。任何一个正在犹豫着是否要去投票站、分拣可回收物品、打流感疫苗、节俭用水，或者其他自己认为应该做可又不太想做的事情，如果他们在犹豫阶段的时候，你让他们感觉到动机匹配，最终他们会想做这件事。

为什么我们现在比任何时候都更需要动机匹配

只要我们醒着，每时每刻都有那么多的事情需要我们关注。我们一边聊天，一边不时地看看手机，旁边还开着电视。我们一边听 MP3，一边看杂志，还不时瞥一眼旁人和地铁里的广告。我们一边听收音机，一边开车，同时还扫一眼路边呼啸而过的广告牌。所有这些信息都一股脑想进入我们的大脑，那么，到底哪些进入了我们的头脑呢？如果说“不太多”，那就有点不够准确了，实际上，几乎没有什么进入我们的大脑并真正留在那里。

有鉴于此，没有什么时间比现在更应该掌握创造动机匹配的艺术和科学了。在最新版的《影响力》一书中，西奥迪尼提到，我们每个人每天都需要应对技术的进步和过度信息，所有电子邮件、广告、脸书上的帖子和推特上的留言，等等，所有这些变化都会影响说服的艺术。他写道：“做决定的时候，我们不再那么经常地享受到将局面的各个方面都考虑得清清楚楚的感觉了，而是不得不更多地只考虑某一个通常比较可靠的方面”。希望我们已经通过《聚焦》这本书里的实例向读者展示了，动机匹配（感觉对劲儿）就是引导我们做决策的一个可靠方面。

如果你希望自己的信息能够在上述的信息竞争中胜出，你需要所有的优势，这就是为什么人们会斥巨资制作显眼的广告、邀请名人助阵或者购买优质广告空间的原因了。但是，世界上所有的钱都买不来让你的受众感觉对劲儿。如果某事感觉很对劲儿，它会抓住你的眼球，留在你的记忆中。为了确保你的时间、精力和金钱花得值，你需要确保你的信息能够创造动机匹配。

第十二章　走向市场

2012 年“超级碗”（美国国家橄榄球联盟）比赛期间，一段 30 秒钟的广告平均需要花费 3500 万美元，这还不包括广告的制作费用。做广告，无论是在电视上、广播上、平面媒体上还是网络上，都是非常昂贵的。美国公司每年花在广告上的几百亿美元只有一个目的：让你购买某种东西。许多人的工作就是说服你选择他们的产品，这些人工作的风险很大。广告商的推销游说如果能够与受众的动机聚焦相匹配，他们在这个竞争激烈的行业内就会略胜一筹。在本章里，我们将向你展示如何去做。

匹配会让你真心想买

任何事情都起始于意图。通往地狱的路是由（好的）意图铺就的（英语谚语：好心办坏事），但是，你也不要忘记，通往天堂的路也是由意图铺就的。没有做某事的意图（有意识或无意识的），什么都做不成。所以，在影响他人购买你的产品的过程中，改变（或创造）购买意图是第一步，也是非常必需的一步。他们必须想要点什么，无论是什么。因此，对某品牌的态度和对某产品价值的认知，这些都影响我们的意图：买可口可乐而非百事可乐，或者，去看罗素·克劳的新动作片而非本·斯蒂勒的爱情喜剧。

如果我们读到、听到或看到某广告时，能体会到动机聚焦，这对我们的意图会产生直接并且可测的效果。我们二位作者之一（格兰特·霍尔沃森）经常在自己的购买习惯中注意到动机匹配的影响。她解释说：

> 我前面已经提到过，我在个人生活方面是非常预防聚焦的，我想要任何安全、可靠而且不太贵的东西。我不信任广告。在网上购物时，我会先看差评，看看这个产品差在哪里或者我是否能忍受它。如果扮酷需要花大笔的钱，还经受不了时间的考验，那我对扮酷根本不在乎。所以，我通常讨厌那些将满足正常的实用功能的产品描述成时髦品或者奢侈品的广告，比如小轿车（丰田塞纳轿车居然成了趾高气扬的旅行车？）或者卫生纸（查尔敏牌卫生纸竟然会让我“大肆享受”？）。
>
> 但有一个例外：高技术。我是一个积极聚焦型的技术傻瓜，每次推出新款的电子阅读器、平板电脑、笔记本电脑、智能手机和上网辅助工具，我都会激动异常。现在，我有一个 Kindle 和一个 Nook 电子书阅读器，一个 iPad，几个 iPod，4 个笔记本电脑，还有多得让我不好意思公开承认的智能手机。近些年，我花了太多的钱购买最新推出的各种新奇玩意儿，可是后来却发现，这些东西并没有宣传的那么好，或者，它们很快就不能正常使用了。所有这些教训一点都没能浇灭我对最新款的带“i”字的产品的热情，这颇让我的丈夫苦恼。

在我瞄到电子产品的时候，那些通常情况下我购买任何其他东西时对我都不起作用的销售策略，现在都显得那么具有说服力，几乎让我欲罢不能。（嗯，这款新 iPad 的显示屏“好炫”，细节“更丰富”，还有“超级快速”的 4G 网络连接？这感觉对劲儿。）

如果我们看到某广告后，体验到动机聚焦的匹配，我们会更加愿意选择这款产品。威尔驰葡萄汁的广告“给你提神！”与积极聚焦匹配，这是积极策略，所以你会感觉对劲儿。（“来吧，让我们提提神！”听起来就是让人兴奋，是吧。如果你是积极聚焦的，你正需要这些：兴奋、奢侈和创新。）你会更加喜欢这个品牌，所以，下次你在超市货架边流连的时候，你购买这个品牌的意图会更加强烈。

从另一方面来讲，喝威尔驰葡萄汁“避免错过给自己提神的机会”与积极聚焦一点都不匹配，因为这是预防策略，强调不犯错误，这不会让积极聚焦型的人感觉对劲儿，体验不到动机匹配。如果你有积极心态，“避免错过给自己提神的机会”听起来有点怪异。如果这真是威尔驰的广告用语，一定会降低你喝这种饮料的欲望，你也不会喜欢这个品牌。突然间，海洋之雾牌的葡萄汁看起来更加诱人。

如果你是预防聚焦的人，又会怎么样呢？你对是否犯错会更加敏感。你真的不想出错，所以，“避免错过给自己提神的机会”听起来就没有那么怪异，相反，这句话听起来还挺有说服力的。听到不喝威尔驰葡萄汁是个错误，反而会增强你购买这种饮料的欲望，你也会更加喜欢这个品牌。你感觉威尔驰才是正确的选择。

五个消费者都喜欢匹配感

假设你将要去加勒比海度假一周，你来到药店买几件必用品，包括防晒霜。你来到防晒霜柜台，看到那里有两个大品牌：X 和 Y。

品牌 X 的标签说：

不要让自己被晒伤。品牌 X 为你提供安全保障。品牌 X——双重防护。

品牌 Y 的标签说：

享受温暖的阳光。品牌 Y 将带给你健康的小麦色肌肤。品牌 Y——享受阳光吧。

哪一个更能吸引人？你会买哪一种？你觉得我们那位紧张兮兮的朋友乔（顺便说一句，他不怎么出门）会买哪一种？研究者发现，总体来说，人们倾向于购买品牌 X，这毫不奇怪，毕竟购买防晒霜这个事实本身就是预防聚焦的，防晒霜的主要功效，是保护你的皮肤，防止阳光的伤害。但是，研究者们发现的不止这些，乔这样的预防聚焦的购买者比积极聚焦的购买者更倾向于购买品牌 X。我们在这个例子中看到有两种动机匹配方式同时发挥作用：

1. 品牌 X 的预防聚焦语言和防晒霜的预防聚焦用途（作为产品，其目的是保护皮肤）之间的匹配；

2. 品牌 X 的预防聚焦语言与预防聚焦购买者的动机之间的匹配。

有证据表明，将广告的语言与受众的动机或者产品的用途相匹配，可以改善受众对营养保健补品、训练机、牙膏以及我们提到的葡萄汁等产品品牌的态度。只要我们让人们对某品牌感觉对劲儿，他们就更有可能购买这个品牌。

你还可以创造第三种动机匹配，那就是，以适合预防动机的方式谈论实现某目标的方法（即保护皮肤）。如果以预防聚焦的语言描述某防晒霜品牌 Z……

安全些！你知道你不会被晒伤，所以，尽情放松吧。

如果广告语也是以损失来框定的，人们对这款产品的品牌态度会更加积极：

不要错失保障自己安全的机会。

而不是仅仅说：

安全些！

“不要错失保障自己安全的机会”与预防动机匹配，因为这是预防策略：保持警惕，使用这款产品你不会犯错的。

动机匹配也是让你的产品被市场上的潜在客户接受的有效方法，潜在客户指那些至今为止对你的产品一直不感兴趣的人们。为了解释这一点，我们以健康保险为例。

通过匹配打动新受众

一眼看去，健康保险（实际上，任何一种保险）这样的商品本质上似乎是预防聚焦类的商品，目的是帮助你避免不幸事件或者避免遭遇灾难之后的财务困难。然而恰恰相反，保险实际上是风险共享的商品，你负担一部分风险，保险公司承担剩下的一部分，顾客可以选择不同的保险计划，为自己提供或多或少的保护。

为了避免较大的风险，顾客可以选择“凯迪拉克”式的保险计划，这种保险方法需要高额的保险金，但是抵减额很低（在保险公司赔付之前，被保险人需要自掏腰包的部分），自付费用（被保险人在看病时自付的费用）也很低。如果你每月交纳较高的保费，至少你明确地知道，如果有什么不幸发生，这就是你所要负担的全部。这是预防聚焦型的保险产品，它的好处主要在于能够避免任何可怕的意外。这对预防聚焦的客户更有吸引力，在宣传的时候如果使用损失框定法，效果会更好，如：

> 如果你不选择此计划，到你真的患重病的时候，你就可能不得不自己负担一大笔钱。

每月交纳较低保费的高风险计划，则让客户可以将更多的钱花在保险之外的其他地方，但是，如果他们生病，他们自掏腰包的费用会比较高：较高的固定费用和抵减额。这种计划更加积极聚焦，它需要被保险人接受较高的风险，以换取较低的保费，这样可以将省下的钱用于其他用途。基本来看，这就像是赌博。作为赌博，它更吸引积极聚焦的人。如果在宣传的时候使用利益框定法，效果会更好：

如果你选择此计划，每个月留在你口袋里的钱会更多。

实际上，最近有一项关于荷兰一家大型保险公司的研究，它研究了保险计划的价值认知和购买意图如何受到利益框定和损失框定的影响，研究者发现，如果以利益框定法描述，低保费、高抵减额（积极聚焦）的计划会更具吸引力，而如果以损失框定法描述高保费、无抵减额（预防聚焦）的计划，则会吸引更多的客户。

（请注意：描述某种商品很“便宜”的方式也可以吸引预防聚焦的人，比如，“避免每月交纳一大笔钱”，不过，如果这种商品是通过增加潜在风险才实现了较低的成本，对于一个寻求现在和未来都要有财务安全的人来说，就不太具有吸引力了。）

对于希望抓住市场上的新客户（因为全国范围或者各州的医疗保险改革而不得不第一次购买医疗保险的人）的保险公司来说，提高动机匹配可能会更有价值。有大约一半没有购买医疗保险的人是自愿放弃的，他们能够付得起保费，或者有权利享受医疗服务，可是，他们宁愿接受自掏腰包的风险。这种愿意接受风险的态度表明，这些人在理财方面是积极聚焦的。其中的许多人被健康保险专家称为“无敌青年”，他们大多是年轻男子，不太担心自己可能会需要负担大笔的医疗费用。因为“无敌青年”们每年花在医疗上的费用相对较低，对健康保险公司来说，他们简直是最受欢迎的顾客。为了抓住这个新的积极聚焦市场，如果你提供的商品与提供给年老顾客的预防聚焦商品一样，仅仅在网站上贴出大量“酷酷的”滑雪运动员和明星运动员的照片，那是远远不够的。针对“无敌青年”的方案应该是以利益来框定的，强调利益、红利和回报。

通过匹配吸引来自不同文化的人

在第八章，我们讨论过文化所造成的积极聚焦和预防聚焦的区别，这个区别对于如何向不同的社会（以及同一个社会的不同阶层）推销商品，具有非常重要的意义。针对某一个地方的人或者自我概念不同的人做的广告，如果换个环境，广告的效果可能会大打折扣。比如，一项研究表明，如果（某虚拟的）“太阳升”牌橙汁的广告语言是积极聚焦的，那么，具有美国式的更加独立的自我概念的人们会更喜欢它：

> 每次一杯，强健心脏。您可以靠太阳升橙汁来提升您心脏的健康。

而如果用预防聚焦型的语言来描述这个品牌的橙汁，那些具有亚洲式的、依赖性更强的自我概念的人们会更喜欢它：

> 每次一杯，防止心脏功能衰退。您可以依靠太阳升橙汁来保护您的心脏。

另一项研究表明，以利益框定法呼吁用牙线（即强调用牙线的好处）对英国白人消费者更有效，而以损失框定法（即强调不使用牙线的代价）则对东亚消费者更有效果。美国广告商必须要面对国内各种族裔和文化群体，所以，他们做广告时，如果针对不同的人群都使用了合适的动机语言，那将是非常明智的。

动机匹配让你舍得掏钱

确实，体验到动机匹配使得人们的意图更强烈，更喜欢你的观点或者产品，不过，让我们从钱的角度谈一谈这个问题。匹配真的会让某一款产品看起来值得你为之付更多的钱吗？为了证明这一点，我们看看十年前动机科学研究中心进行的一项动机匹配实验。从表面上来看，这只是对于消费者喜好的研究。在实验中，我们请哥伦比亚大学的本科生参与了一项营销研究，让他们在马克杯和钢笔之间进行选择。我们稍稍人为地操纵了一下这个实验：马克杯比那个钢笔好多了，几乎每个人都会喜欢这个杯子。我们希望喜欢这个杯子的人多一些，这样我们就能看出，动机匹配如何影响人们对同一件心爱之物的价值的认知。

我们请学生们以两种方式之一做选择：着眼于他们选择杯子或钢笔后能得到什么好处（与积极聚焦相匹配的选择策略），或者着眼于不选杯子或钢笔他们会损失什么（与预防聚焦匹配的选择策略）。请注意，在两种情况下，学生们都需要考虑杯子和钢笔的优势，但是考虑方式有两种：积极方式（选择他们会得到什么）或者预防方式（选择他们不会失去什么）。我们也测试了每个学生的动机聚焦。每个学生选择了杯子后，我们问："你觉得这个杯子的价钱是多少？"如下表所示，如果购买时他们体验到动机匹配，他们会认为杯子更值钱一些，价钱几乎高了 50%。

	着眼于获益的选择	着眼于避免损失的选择
积极聚焦型学生	$ 8.78	$ 6.32
预防聚焦型学生	$ 5.00	$ 8.07

注：加灰的数字是动机匹配之后做出的选择。

你可能在对自己说："不过，这个研究考察的只是对这个杯子的价格的认知，如果他们真的要花自己的钱，那会怎么样？匹配真的会有这么大的效果吗？或者真有效果吗？"很好的问题，我们也想到了这个问题。针对另一组学生，我们进行了另一个实验。在实验一开始，我们给他们每人 5 美元，然后重复上述过程。学生们再一次选择了杯子。之后，我们给他们一个信封，里面有杯子的合适价格。我们说，如果他们想看价格，也是允许的，但是，条件是，他们出的价钱必须等于或高于信封里的价钱（这有点像拍卖，你出价，然后等待最后结果）。如果他们出的价低于信封里的价格，就买不到杯子。如果他们出的价等于或者高出信封里的价格，他们会以自己的出价买到杯子。下表显示他们愿意花掉已归自己所有的这 5 美元中的多少钱来买杯子。

	着眼于获益的选择	着眼于避免损失的选择
积极聚焦型学生	$ 4.76	$ 3.11
预防聚焦型学生	$ 2.49	$ 4.68

注：加灰的数字是动机匹配之后做出的选择。

所以，我们的答案是"是的！"即使是花自己的钱买东西，如果能够有动机匹配，人们也愿意花更多的钱。实际上，如果他们花的是自己的钱，动机匹配的效果会更加明显。匹配能够带来真真正正的货币价值。这在许多其他商品的实验中也得出了上述的结论。比如，当人们在估量安全头盔的价格时，如果能够有动机匹配，他们会愿意多花 20% 的钱。在另一个实验中，如果人们体验到动机匹配，他们会愿意多花 40% 的钱购买同一种阅读台灯。

读到这里，你可能在想，动机匹配是否造成了某种错觉，影响了人们的选择和对商品价值的认知，而这种认知与商品的实际价值没有关系。如果是这样的话，误导人们对商品价值产生错误的认识，这不是错误的吗？我们也同意，这样做是错的，不过，这不是动机匹配的错，因为价值的增加是真实的。也就是说，人们不仅愿意多付钱，而且他们真的觉得这个商品更好，这是因为，动机匹配也会影响人们对于自己所做选择的满意度。如果我们的那位积极聚焦的朋友雷在购买汽车时，做了积极的选择（“这款汽车非常省油！”）并买了那辆汽车，他会更加开心。而预防聚焦型的乔则是在做出谨慎的选择（“我不能错过这么省油的车！”）之后购买了那辆汽车，会更加开心。

与不择手段的销售人员使用的某些肆无忌惮的方法相比，动机匹配不是在无辜的顾客身上玩花招，欺骗他们。无论你谈论的是杯子、电脑或电烤架，许多研究都表明，如果顾客在选择商品时感觉对劲儿，他们之后会更加满意自己的选择。如果你从事广告业，无论你的推销对象是政界候选人还是牙膏，你需要运用动机聚焦让你的广告宣传更有说服力。记住，除了影响人们所购之物和愿意为之付出的价钱之外，匹配还会提高人们实际体验到的价值。

第十三章　创造动机匹配的具体步骤

创造动机匹配需要三个简单的步骤。为了解释这个过程，假设你是某社区的校董会成员，学校的各项预算都需要公众投票表决。现在，为了对学校条件进行必要的改善，你需要说服你的邻居们，提高财产税是合理的做法。

第一步：找到他们的聚焦

你首先问自己，我的受众想要什么？在这个问题上他们的动机是什么？他们的目标是什么？在上述例子中，你要瞄准整个社区。你不止有一个受众，所以，你需要识别每一个大的群组的主导性动机聚焦。

比如，学校的资金充足的话，学生的家长会受益匪浅。毕竟，他们希望自己的孩子享受各种成长和发展的机遇。所以，在增加学校预算（通过提高财产税）这个问题上，他们更可能是积极聚焦的。

已退休人员则更需要关注个人的财务安全。许多人都依赖固定的收入，希望保护自己的财产。因此，他们对待增加财产税的态度会倾向于预防聚焦。(我们在第八章讨论过，总体来说，老年人比年轻人更加预防聚焦。) 以上两种完全不同的动机聚焦需要你使用不同的语言，传达不同的信息，才能创造合适的动机匹配。

第二步：精心编写信息内容

接着，弄清楚你到底想让你的受众做什么，他们要采取的行动或者做出的决定是偏于积极聚焦还是预防聚焦，或者两种都有可能。(大多数情况下，是两种可能都有。也就是说，我们每天做的大多数事情都可能是由积极或者预防动机驱动的。但是，偶尔也有一些事情，如“打流感疫苗”，就很难以积极聚焦来描述了。)

清楚自己想让受众做什么 (想让他们投票，就提高财产税以增加学校预算进行表决)。在这种情况下，考虑到他们做这个决策背后的动机聚焦，你可以说提高财产税、改善学校条件将为孩子们带来进步和机遇，或者说，有助提高社区的安全度。

对积极聚焦的学生家长，你需要讲积极聚焦的内容，告诉他们，如果他们多付一些钱来支持学校的建设，就能够为他们的孩子们提供最好的、最理想的学习环境。校董会通常都会陈述这个观点，所以家长们几乎总是投票支持增加学校的预算。

预防聚焦的退休人员就更难对付一点了 (他们在学校预算方面通常会投反对票)。考虑针对他们的说辞时，一定要他们考虑，如果为学校多出钱，就可以帮助他们达到更加安全的目标，让他们相信投票反对是错误的。比如，强调有好学校的社区犯罪现象更少，财产更安全，这就是预防聚焦的策略；或者，你也可以指出，如果不能及时对学校条件进行必要的改善，以后会需要更多的资金，所以，现在多一点付出就能够避免以后更大的损失。

（如前所述，如果你不知道受众的动机聚焦，最好的做法就是编写一套针对两种聚焦的说辞，有些观点针对积极聚焦，有些则针对预防聚焦。这样做的效果通常不如完美对焦的说辞那么有效，不过，它总要强于错失一半对象的单一聚焦说辞或者完全不匹配的说辞。）

第三步：以匹配的语言表述你的观点

你针对两类受众准备了两套说法，现在，该决定如何表述才能创造更大的动机匹配。下述十个方法都可以发挥作用。

表述方法之一：以利益或者损失进行框定

你已经记住了这一条，是吧。利益框定法强调采取行动或者购买商品（如，你的牙膏带给你更白皙的笑容，或者能够避免牙洞）后的利益（“+1”）。损失框定法强调如果不采取行动或者不购买商品（如，不买这款牙膏，你就不会有更白皙的笑容，或者牙洞变大）带来的损失（“−1”）。我们可以使用这个方法来处理上述学校预算的例子：

第一个版本：积极聚焦 + 利益框定

为学校的预算投赞成票！

投了赞成票，我们就能为我们社区的孩子创造尽可能好的学习环境，提供尽可能多的机会。

分析：这个版本针对学生家长最合适。使用这个版本。

第二个版本：积极聚焦 + 损失框定

对学校的预算不要投反对票！

投了反对票，我们就不能为我们社区的孩子们维持好的学习环境或者提供必要的机会。

分析：这不能让学生家长体验到动机匹配。不要使用这个版本。

第三个版本：预防聚焦 + 利益框定

为学校的预算投赞成票！

投了赞成票，我们就能让我们的学校和社区更加安全。我们可以减少犯罪，保证财产安全。

分析：对退休人员来说，这个版本不会产生动机匹配。不要使用这个版本。

第四个版本：预防聚焦 + 损失框定

对学校的预算不要投反对票！

投了反对票，我们就不能维持较低的犯罪率以及财产价值的稳定。

分析：这个版本会让退休人员体验到动机匹配。使用这个版本。

下表中有更多例子，当你想运用这个方法时，你可以参考这些例子，使自己的语言更合适。

	追求利益	避免损失
卖马克杯	想想如果选择这个杯子，你会得到什么。	想想如果不选这个杯子，你会失去什么。
足球训练	你的愿望是5次射门至少要射中3次。	你的义务是5次射门中失误不能超过2次。
让自己更健康!	如下是积极锻炼的好处……	如下是不积极锻炼的代价……
学校预算	你为什么应该投赞成票。	你为什么不应该投反对票。
课堂反馈	学习的好处。	不学习的代价。
工作场合的鼓励	完成了销售指标后的好结果。	完不成销售指标之后出现的坏结果。

表述方法之二：强调原因或者方式

我们在第六章曾经提起，积极聚焦型的人倾向于抽象的思维方式，而预防聚焦型的人更喜欢具体的思维方式。积极聚焦关乎对未来的希望和梦想，它让人们从大局出发，全面考虑问题。与此相反，预防聚焦谨慎地维持目前令人满意的现状，它让人们更多关心正在发生之事的细节，从局部考虑问题，并且寻找可能出现的问题。

让你的语言抽象或者具体的方法之一，是关注做事的理由或者方式。如果你是积极聚焦的，你希望了解你为什么应该做某事（如我为什么要投资这个共同基金），如果你是预防聚焦的，你更多地关心如何做（如这个共同基金到底怎么操作？）。如果你的观点是以为什么的语言表达出来，它会与积极聚焦的人产生匹配。如果以怎么做的方式表达出来，它会与预防聚焦的人产生匹配。在下表中，你会看到更多的例子，可以指导你如何运用这一技巧。

	为什么	怎么做
卖马克杯	这种哥伦比亚马克杯，可以展示你对学校的自豪！	这个容积 15 盎司的大杯子是由防震材料制成的。
足球训练	让我们成为联赛中最好的球队！	让我们认真练习必要的技术，击破他们的顽强防守。
让自己更健康！	定期锻炼会让你容光焕发，感觉良好！	定期锻炼燃烧卡路里，加快新陈代谢。
学校预算	提议中的增税会给我们的孩子提供学习和成长的新机会！	提议中的增税会为一项新的校外辅导计划和聘用 5 名新教师提供资金。
课堂反馈	如果你上课努力学习，你将打开通向未来新机会的大门。	如果你上课努力学习，你可以拿到高学分，避免被好大学拒之门外。
工作场合的鼓励	业绩最佳者能迅速提升！	业绩最好的 3 名员工能够保住今年的晋升机会。

表述方式之三：使用形容词或者动词

操控信息的抽象度的另一个方法是使用抽象的词汇。心理语言学家的研究已经证明，形容词是所有词汇中最抽象的，它们通常是对某具体事件的概括（如“A 太富于进攻性”），而动词是最具体的词汇，因为动词将某事件情景化（如“A 打了 B 一拳”）。甘·塞米和他的同事们进行了一项研究，他们将这个技巧用于那些倡导运动健身的宣传，以提高鼓动效果。他们分别使用抽象形容词（如，“运动对你有好处…… 运动使你的肌肉和骨骼更强健，使你的心肺功能更好”）或者具体动词（如，“运动对你有好处……运动能够增强你的肌肉和骨骼，改善你的心肺功能”）来描述运动的好处。

研究者发现，如果宣传的语言和他们的主导性聚焦相匹配（对积极聚焦者使用抽象语言，对预防聚焦者使用具体语言），实验对象进行锻炼的动力明显增强。对词性进行微调就足以创造动机匹配，增强动力，这意味着，那些小学的语法课最终都能够派上用场了。

表述方式之四：突出成功或者避免失败

想想过去有多么美好，或者将来事情会有多美好，这对增强积极心态的人的自信心非常管用。如果有个自信、阳光的心态，积极聚焦的人会发展得非常顺利。对于积极聚焦的人，积极的反馈会带来优越的表现，乐观态度则能够预示较高的幸福指数和生活满意度。所以，以积极乐观、“阴霾总会过去”式的语言和语气来表述你的观点是创造动机聚焦的另一个好办法。如前所述，积极聚焦的人更容易受到好榜样的激励。他人成功的故事和例子与他们自己过去的成功具有同样的激励作用。

预防聚焦的人，则会在想到过去曾经因为准备不足而失败，或者在担心将来所发生的事情（如果不谨慎或者不努力，事情会变糟）时，才会有动力。对于预防聚焦的人，能提升他们表现的最有效方法是能让他们保持警惕的负面反馈（如果你不努力，你可能会失败等），而不是刻薄或批评性的反馈。所以，以谨慎、“天可能会下雨”式的语言和语气来表述你的观点能够做到与他们的动机匹配。坏典型更能增强他们的动力，有时候，你真的会从其他人的错误中吸取教训，从而增强动力。非常重要的是，这些话语不能过于悲观，他们并不是说坏事可能会发生在你身上，而是说，如果你不认真去做必要的事来阻止坏事的发生，坏事可能真的会发生。

表述方式之五：强调变化或者稳定性

通过强调某产品或者行为代表的是变化还是稳定性，你也可以让你的受众产生动机匹配。含有如下字眼“生化技术的新突破，去除污渍的全新方法”的洗衣粉广告，会让积极聚焦的购买者感觉对劲儿，而含有“众多妈妈们都信任的去污渍法宝”的洗衣粉广告，会对预防聚焦型的购买者产生吸引力。（积极聚焦的人倾向于认为未来比现在更重要，所以，那些展望未来的语言会对他们格外具有说服力。）

表述方式之六：将某事描述成冒险或者谨慎行为

我们大多数人在生活中的表现都介于职业性冒险家（超级积极）和躲在地下密室里的人（超级预防）之间。我们每天做的许多事都既需要冒险又需要小心谨慎，可以说，涉及硬币的两面。如果你认为，为了安全起见，自己那个积极聚焦的孩子至少应该申请10所大学（你喜欢的是这个保守的、预防聚焦的方法），你说服他的时候最好讲得更冒险一些（“喂，干吗不冒个险，多申请几个学校？这就是个赌博，但会有成功的，你就有更多的选择了！”），以迎合他的积极聚焦。另一方面，如果你的孩子是预防聚焦型的，你需要使用谨慎的语言，让他感觉申请10个或者更多的学校是对的。（“为了减少你最后上一个不喜欢的大学或者上不成大学的概率，你需要至少申请 10 个学校，包括几所‘保底’学校。”）

表述方式之七：强调情感或者理智

请人们在做决定时要考虑自己的情感，这样的信息会与积极聚焦动机匹配。预防聚焦的人在做决定的时候，更喜欢逻辑思考和理智分析。实际上，一项研究表明，如果你分别告诉积极与预防聚焦型的消费者，请他们基于自己对商品的感觉（强调情感）或者对商品不同属性的评价来选择（强调理智），平均说来，他们会愿意多付 45% 的价钱购买此商品。

积极聚焦诉诸情感

考虑考虑你的感受。

跟着自己的直觉走。

你会觉得，这就是适合你的。

预防聚焦诉诸理智

研究显示……

做出聪明的选择……

证据在于……

表述方式之八：使用活跃或者拘谨的手势

并不仅仅只有语言才能促成匹配（或不匹配），非语言交际方式也能起到同样的作用。我们动机研究中心的同事乔 · 西萨里奥发现，你运用手势的方式、你的身体姿势和说话的速度都会影响语言的动机匹配度以及说服力。

急切的手势是活跃的，常常是手掌全部打开，手指分开，向身体外侧伸出。你的身体前倾，靠向你的受众，你说话和做手势速度都很快。这种身体语言与积极聚焦相匹配：大胆、利落、勇于前进。

谨慎的手势更加拘谨，常常涉及精确而闭合的手部活动，手指紧合在一起，看起来像是在推向听众（似乎在说“慢下来！”）。你的身体后倾，远离听众，你说话和做手势的速度都比较慢。这种身体语言与预防聚焦相匹配：谨慎、精确、深思熟虑。

表述方式之九：强调部分或者整体

在第六章中，我们已经告诉读者，积极聚焦型的人通常更喜欢通过全局处理的方式来比较商品或者方案，整体考虑某一个产品或者方案，然后再开始考虑第二个。预防聚焦型的人更喜欢属性处理方式，先比较两种商品的某一个属性，然后才比较下一个属性。通过以不同的方式展示选择项，你可以运用这一知识来设计出匹配受众的动机聚焦的宣传内容。

以两款手提电脑为例。设想你是电脑甲的制造商，你想向顾客展示它相对于竞争对手乙的优势。如果你有理由相信你的客户是积极聚焦的（比如，他们更年轻，或者因为你的品牌被看作是尖端科技、富有创新的品牌），你可以选择全局处理格式，分别列出两种电脑的属性，如下所示：

电脑甲

1.6GHz 双核英特尔处理器

3GB 内存

重量只有 3 磅

13 英寸的屏幕

颜色可订制

价格：999.99 美元

电脑乙

2.0 GHz 双核英特尔处理器

5GB 内存

重量只有 5.6 磅

13 英寸的屏幕

两个颜色可供选择：黑色和白色

价格：1299.99 美元

如果你的顾客是预防聚焦型的，或者你的品牌以可靠性和售后服务著称，你可以以属性处理的格式展示，让他们直接比较两款电脑的每一个属性，如下所示：

	电脑甲	**电脑乙**
处理器	1.6GHz 双核英特尔	2.0 GHz 双核英特尔
内存	3GB	5GB
重量	3 磅	5.6 磅
屏幕	13 英寸	13 英寸
颜色	可订制	两个颜色：黑色和白色
价格	999.99 美元	1299.99 美元

对这些表述方法的简单选择真的非常重要。能够以全局处理方式考虑商品的积极聚焦的人和以属性处理方式考虑商品的预防聚焦的人，都对自己的选择更加满意，并且愿意多付 20% 的钱。

表述方法之十：让匹配发挥作用

如果其他方法都未能奏效，你还是不能让自己的产品或者观点在受众那里产生匹配，你依然可以通过“匹配转移”来体验到匹配的益处。研究表明，动机匹配产生的“对劲儿”的感觉和投入度可以持续一段时间，而且，人们并不知道自己的动机体验来自哪里。所以，如果人们在听到你的信息之前刚刚体验到了动机匹配，你的信息可以从中获益，或者增强对方的接触欲望。

希金斯和研究中心的同事洛林·陈、托尼·弗瑞塔斯、司各特·斯皮尔格以及丹·莫尔顿等共同进行了一项研究，我们现以此为例说明。研究者给实验参与者一系列调查问卷。最先发的调查问卷请他们列举自己的希望和志向（创造积极聚焦），或者是责任和义务（创造预防聚焦）。接下来的问卷请他们列举出保证一切事情都顺利进行的策略（与积极聚焦匹配），或者保证不出任何问题的策略（与预防聚焦匹配）。之后，让他们回答另一份调查问卷，看三张狗的图片，并给这些狗的“脾气好坏”打分。

哪些实验者列举的策略与自己的聚焦相匹配（即，积极聚焦 + 保证一切进行顺利；预防聚焦 + 确保不出问题），那么，他们给这些狗的打分相对就要高一些。所以，来自动机匹配的“对劲儿”感转移到了这条狗身上：这条叫雷克斯的小家伙看起来不错，让你想跟它一块玩儿。

也有证据表明，匹配的转移也会影响我们身体和头脑的表现。

匹配还可以转变为信任的感觉。（这一点毫不奇怪，如果你与某个人不太熟，并且也没有什么证据表明这个人怎么样，匹配的转移会增强你对他的信任度。）匹配转移还能让你在选择小吃时做出更好、更健康的决策！在一项研究中，我们在和实验者告别时，给他们每人一份小礼物，苹果或者巧克力。那些在先前的实验中体验到匹配的人有 83% 的概率选择苹果，而没有体验到匹配的人选择苹果的概率只有 20%（控制组选择苹果的概率是 53%）。如果你在匹配后感觉对劲儿，就比较容易下定决心采取更加健康的行动。如果你没有体验到动机匹配，感觉不对劲儿，你会更想从巧克力中寻求安慰。

可见，不仅是你正在做的事情会产生动机匹配，你刚刚做过的事情也会取得匹配的效果。有了这第十个表述方式，作为影响力机制的动机匹配有了更广阔的应用前景，适用于各种议题和各类受众。你仅仅需要尽量创造匹配，就可以有神奇的事情发生。

只需上述三个步骤，可见，创造动机匹配的过程并不太复杂。一旦你经过了一定的练习，运用匹配的力量表达自己的观点就会变得非常自然。有了这十种表述方式（可以分开运用，也可以一起使用以取得更佳效果），找到最管用的语言就不难了。一旦你了解了如何让匹配为你服务的艺术和科学，你就掌握了拥有更大影响力的工具。请记住我们那个简洁的格言：匹配最关键。

后 记

与其他科学学科相比，心理学还比较年轻。在 1879 年第一个实验心理学实验室建立（由莱比锡大学的威廉·冯特建立，很快，约翰·霍普金斯大学和宾夕法尼亚大学也建立了实验室）之前，心理学或多或少只是一些理论概念。所以，如果心理学偶尔犯点错误，也是可以原谅的。毕竟，每一门科学都还在不断发展中。另外，没有什么东西比人类的头脑或行为更复杂的了，而我们研究这些的时间还不是很长。

这本书及它背后的研究，都是为了纠正心理学家（和需要运用心理学工作的人，如家长、教师、经理和市场营销人员）一直以来都在犯的一个错误：仅仅关注事情的一方面。

有趣的是，人们关注的不总是同样的一方面。举例说明，经济学家吸纳了心理学的理论，如“损失厌恶”，意思是，人们对于损失的反应远大于对相同分量的获益的反应；或者说，你钱包里掉出 20 美元的痛苦远大于在大街上捡到 20 美元的快乐。但是大家都没有意识到，损失厌恶其实是一种预防聚焦现象。如果人们是积极聚焦的，他们会对获益更加敏感。所以，在这个例子中，经济学家只看到了预防聚焦的那一面。

自助行业则倾向于只关注积极聚焦的那一方面。这个行业的忠实追随者几乎总是聚焦于“开心”的重要性，提倡将乐观态度和积极的思维方式作为解决任何问题的良方，他们根本没有意识到，生活的内涵远远大于开心，乐观的态度并不适用于每个人。

同理，在如何鼓动我们的孩子、员工和自己做某事方面，人们的建议总是使用奖励，如奖金等。这当然是个好主意，但前提是你想进步或者想获益更多，而不是只想维持现状或保障安全。如果人们需要谨慎，或者维持已经获得的比较满意的现状，奖励（无论什么形式的奖励）并不是鼓动他们的好武器。再说一次，奖励只适合积极聚焦的那一面。

即使当心理学家的研究领域已经开始强调两个方面了，有时候还是会将重心只放在其中一个方面上。约翰·鲍尔比对于儿童依恋行为的开创性研究就是如此。鲍尔比最初强调安全（预防）和养育（积极）都是婴孩的生存需要，要靠养育者提供。可是，随着时间的推移，依恋理论中最受关注的部分仅仅剩下了“安全庇护所”“安全基地”和“对陌生人的恐惧”等概念了，婴儿的依恋类型被称之为“安全”“焦虑—回避型”和“焦虑—矛盾型”等。父母—孩子的依恋行为已经基本成为预防聚焦的故事了。

现在，你读完了《聚焦》一书，你已经了解了事情的全部。你明白了我们看世界时有两种完全不同的镜片，你也知道自己使用哪种镜片更多。教给人们有关积极聚焦和预防聚焦知识的一个令人颇有成就感的结果就是，他们会告诉你，许多以往不明白的事情突然变得很好理解了。他们明白了自己为什么擅长做某些事情，而做另外一些事情就那么困难。为什么在工作场合、家庭中或者他们和孩子之间会有那么多的误解。为什么他们和别人同时在同一个地方、看到同样的事情，可是体验却如此大相径庭。

一旦你了解了积极聚焦与预防聚焦以及什么与之最匹配，你就赋予了你的生命更大的力量。这是真的，因为你意识到，通过调整与你的聚焦相匹配的一切、利用你的优势、弥补你的弱势，几乎做任何事情时，你都可以更加有效。你的生活也会少一些挫折，因为理解了聚焦，你会对自己更宽容，对他人更宽容。你不必每时每刻都擅长做一切事情，因为你意识到这是不可能的。没有人能做到。积极与预防聚焦本身都是既有好处又有缺陷。如果你看到其他人和你使用完全不同的“镜片”看世界，你也不会那么惊讶、那么不安了，这些人也就显得不那么烦人了，因为你理解了他们。实际上，你还可以享受他们的“镜片”的好处，有时候甚至可以借来一用。

现在你会使用他们的语言了。如果他们不会使用你的语言，请考虑为他们购买一本我们的书《聚焦》。

致　谢

我们向所有帮助我们发展、探索和应用动机聚焦理论与动机匹配理论的朋友及同事致以深深的谢意。没有哥伦比亚大学的动机科学研究中心（这个中心在出名之后、成为官方“中心”之前，曾经被简称为“希金斯实验室”），尤其是早年和我们一起研究动机聚焦和匹配理论的那些同事，这本书就不可能完成。他们是：塔玛·阿维奈特、瓦妮莎·伯恩、米盖尔·布兰德、杰夫·布罗德肖、克里斯·卡马乔、乔·西塞里奥、艾伦·克罗、珍斯·福斯特、托尼·弗瑞塔斯、珀·海德伯格、洛林·陈·易德森、丹·莫尔顿、尼亚·李伯曼、杰森普·拉克斯、克里斯·罗尼、阿比盖尔·斯叔勒、詹姆斯·沙哈、司各特·斯皮尔格、蒂姆·士卓曼和卡尼·邹。

我们非常荣幸，有非凡的贾尔斯·安德森做我们的经纪人、朋友、合作者和导师。《聚焦》一书的完成在很大程度上归功于他的视野、热情和智慧。我们非常感谢他对本书的贡献。

我们还要感谢哈德逊街出版社和企鹅出版社每一个人的支持和协助，尤其要感谢我们出色的编辑卡洛琳·萨顿。她慧眼识珠（我们当然希望这是一颗珍珠），看到了本书的潜质，并帮助我们进一步将书中的思想清晰化，在此过程中，不断给予我们帮助和反馈。最后的成书从她的工作中获益匪浅。

最后，当然也是非常重要的，我们两位作者要向我们的家人表示感激，他们聪明、有见地，每个人都对本书的初稿提出过意见和建议（有时候还为我们的研究出谋划策），他们是西格莉德·格兰特、乔纳森·霍沃尔森、凯拉·希金斯、詹妮弗·约拿以及罗宾·威尔斯。

图书在版编目（CIP）数据

聚焦 ／（美）海蒂 · 格兰特 · 霍尔沃森，（美）E. 托里 · 希金斯著；张金凤译．—南京：译林出版社，2017.9

书名原文：Focus: Use Different Ways of Seeing the World for Success and Influence

ISBN 978-7-5447-7121-4

I. ①聚 … II. ①海 … ② E… ③张 … III. ①成功心理 – 通俗读物 IV. ① B848.4-49

中国版本图书馆 CIP 数据核字（2017）第 242347 号

聚焦 〔美国〕海蒂・格兰特・霍尔沃森 E.托里・希金斯／著 张金凤／译

责任编辑 韩继坤
特约编辑 苑浩泰
装帧设计 Metis 灵动视线
校　　对 肖飞燕
责任印制 贺　伟

出版发行 译林出版社
地　　址 南京市湖南路 1 号 A 楼
邮　　箱 yilin@yilin.com
网　　址 www.yilin.com
市场热线 010-85376701
排　　版 张立波
印　　刷 三河市华润印刷有限公司
开　　本 960 毫米 ×640 毫米 1/16
印　　张 14.5
版　　次 2017 年 9 月第 1 版 2017 年 9 月第 1 次印刷
书　　号 ISBN 978-7-5447-7121-4
定　　价 32.80 元

Focus: Use Different Ways of Seeing the World for Success and Influence by Heidi Grant Halvorson & E. Tory Higgins

Published by arrangement with Hudson Street Press through Bardon-Chinese Media Agency

著作权合同登记号　图字：10–2017–237 号